Wegweiser Nachhaltigkeit

Praxisorientierter Überblick zu Berichterstattung und Prüfung

Katharina Völker-Lehmkuhl / Christian Reisinger

IDW VERLAG GMBH

1. Auflage

Die IDW Verlag GmbH ist ein Unternehmen des IDW.

Satz: Reemers Publishing Services GmbH, Krefeld
Druck und Bindung: C.H.Beck, Nördlingen
KN 11872/0/0

ISBN 978-3-8021-2454-9

Bibliografische Information der Deutschen Bibliothek
Die Deutsche Bibliothek verzeichnet diese Publikation in der Deutschen Nationalbibliografie; detaillierte bibliografische Daten sind im Internet über http://www.d-nb.de abrufbar.

Coverfoto: www.istock.com/shaunl

www.idw-verlag.de

Inhaltsverzeichnis

1 Einleitung

Traditionelle Aufgabe des Berufstands der Wirtschaftsprüfer ist die Prüfung der Jahresabschlüsse von Unternehmen, das heißt des Zahlenwerks im Wesentlichen bestehend aus Bilanz und Gewinn- und Verlustrechnung. Die GuV spiegelt dabei neben den Umsatzerlösen und Erträgen die Aufwendungen des abgelaufenen Geschäftsjahres wider. Die Aufwendungen unterliegen dabei – wie die übrigen Posten – dem Vollständigkeitsgebot des § 252 Abs. 1 Nr. 4 HGB. Lange ging man in Theorie und Praxis davon aus, dass die Aufwendungen nur die finanziellen Aufwendungen erfassen, also nur monetäre Posten.

In der jüngeren Vergangenheit ist hier ein Umdenken zu beobachten. Wissenschaftler, Öffentlichkeit, Politik und Unternehmen nehmen immer mehr wahr, dass die Aufwendungen zur Erzeugung von Dienstleistungen und Gütern viel mehr umfassen als nur die Summe der hingegebenen Geldbeträge. Noch vor einigen Jahrzehnten wurde an den Universitäten völlig unbekümmert gelehrt, dass Luft, Meerwasser, Sand und Sonne freie Güter sind, die in unbegrenzter Menge vorhanden sind. Freie Güter durften nach dieser Sichtweise unbegrenzt ohne jede Gegenleistung verbraucht werden. Freie Güter sind nicht knapp und nicht bepreist. Somit spielten freie Güter für das Rechnungswesen der Unternehmen keine Rolle.

Die Theorie der freien Güter hat teilweise, zum Beispiel bezüglich der Nutzung der Sonnenenergie, auch heute noch Gültigkeit. Luft und Meerwasser sind heute jedoch nicht mehr als freie Güter zu sehen. Die in den letzten Jahren in zunehmender Menge erfolgten Ableitungen von Abgasen aus Kraftwerken, Fabriken und Kraftfahrzeugen in die Luft haben mittlerweile zu erheblichen lokalen und globalen Problemen geführt. War der Dieselmotor über Jahrzehnte das Flaggschiff der deutschen Automobilindustrie, hat man nun festgestellt, dass die durch Dieselfahrzeuge freigesetzten Stickstoffdioxide für den Menschen ein nicht unerhebliches Risiko für Erkranken der Atemwege und des Herz-Kreislaufsystems darstellen.

Die Ozeane wirken auf den Menschen so groß, dass man lange davon ausging, dass Ableitungen von Abwässern oder anderen Stoffen ohne Konsequenzen bleiben würden. Umso mehr erstaunt es heute, welche gravierende Wirkung kleine Ursachen haben können. Von den meisten Verbrauchern völlig unbemerkt hat die Kosmetikindustrie ihren Produkten in den letzten Jahren vermehrt Mikroplastik zugesetzt. Die Verbraucher, die sich beispielsweise über den angenehmen Schaum und Glanz des Duschgels erfreut haben, sind nicht im Traum auf die Idee gekommen, dass der abgeduschte Schaum über die Kanalisation und Flüsse seinen Weg in die Weltmeere finden würde und dort in den Mägen der Meeresbewohner landen würde. Dabei handelt es sich um kein marginales, sondern um ein bedeutsames globales Problem.

Sehr lange ging man davon aus, dass die Freisetzung von Kohlendioxid (CO_2) in die Atmosphäre keine nachteiligen Folgen hat. Handelt es sich bei CO_2 doch um ein auch in der Natur häufig vorkommendes Gas. Daher sah man in der Freisetzung von CO_2 durch die Verbrennung von fossilen Brennstoffen wie Kohle, Öl und Gas kein Umweltrisiko. Heute weiß man, dass die Menschheit zu viel CO_2 freigesetzt hat und hierdurch den anthropogenen, das heißt durch Menschen verursachten, Treibhausgaseffekt, der ein sehr ernsthaftes globales Problem darstellt, verursacht hat.

Die Beispiele haben exemplarisch aufgezeigt, dass Luft und Meerwasser keinesfalls freie Güter sind. Dem Wirtschaftswissenschaftler stellt sich daher die Frage, ob und gegebenenfalls wie diese Güter zu bepreisen sind. Ein Modell wurde 2005 in der Europäischen Union in die Praxis umgesetzt. Unternehmen der Energieerzeugung, Industrieunternehmen mit hohen CO_2-Emissionen und der Flugverkehr müssen am so genannten EU-Emissionshandel teilnehmen und für jede Tonne emittiertes CO_2 ein Emissionsrecht abgeben. Während die Emissionsrechte anfangs kostenlos an die Unternehmen ausgeteilt wurden, sind sie heute im Wesentlichen gegen Entgelt zu kaufen. Somit sind die Emissionen von CO_2 bepreist. Die Luft stellt diesbezüglich kein freies Gut mehr dar. Weitere Modelle der CO_2-Bepreisung befinden sich aktuell in der Diskussion.

Es ist eine eindeutige Tendenz dahingehend zu beobachten, dass Unternehmen langfristig nicht nur ihre monetären Ausgaben, sondern alle Auswirkungen ihres Handelns bilanzieren sollen. Seit dem Geschäftsjahr 2017 sind große kapitalmarktorientierte Unternehmen, große Kreditinstitute und große Versicherungsunternehmen mit mehr als 500 Arbeitnehmern verpflichtet, eine nichtfinanzielle Erklärung abzugeben. Es sind Mindestangaben zu den Umwelt-, Sozial- und Arbeitnehmerbelangen, der Achtung der Menschenrechte sowie der Bekämpfung von Korruption und Bestechung zu machen. Relevant ist dabei nicht nur das Handeln in den inländischen Betriebsstätten, sondern die globalen Wirkungen des Unternehmensgeschehens in eigenen und fremden Betriebsstätten sowie entlang der Lieferkette. Während die Menschenrechte in inländischen Betriebsstätten im Regelfall gewahrt sind und Korruption in Deutschland eine untergeordnete Rolle spielt, sind die Verhältnisse in den Produktionsstätten in den Entwicklungsländern häufig deutlich schlechter. Hier kann die Bewusstseinsbildung einen ersten Schritt zur Verbesserung der Verhältnisse darstellen.

Neben den Unternehmen, die aufgrund gesetzlicher Vorgaben über ihre nichtfinanziellen Belange berichten, gibt es eine Reihe von Unternehmen, die sich auf freiwilliger Basis im kleineren oder größeren Umfang besonderes nachhaltig verhalten und hierüber Nachhaltigkeitsberichte veröffentlichen. Der nächste Schritt nach der Veröffentlichung von Berichten aus dem Bereich der Nachhaltigkeit, hierzu zählen auch CO_2-Bilanzen und die oben erwähnten nichtfinanziellen Erklärungen, ist für viele Unternehmen die Prüfung dieser Berichte durch unabhängige Wirtschaftsprüfer.

Die inhaltliche Prüfung von nichtfinanziellen Erklärungen oder anderen Berichten aus dem Bereich der Nachhaltigkeit stellt eine neue Herausforderung für den Berufsstand der Wirtschaftsprüfer dar. Das vorliegende Buch ist als Einstieg für die Kollegen gedacht, die sich bisher mit dem Thema Nachhaltigkeit eher weniger befasst haben. Es soll einen umfassenden Überblick über die Materie geben, anhand von Beispielen ein Verständnis über die grundsätzlichen Themen der Nachhaltigkeit liefern und zur vertiefenden Lektüre einzelner Teilaspekte anregen.

2 Das Konzept der Nachhaltigkeit

2.1 Entstehungsgeschichte

Nachhaltigkeit ist keineswegs ein neues Thema unserer Zeit, sondern hat die Menschheit immer wieder beschäftigt. So führten ein rasanter Bevölkerungsanstieg verbunden mit einem entsprechenden Wachstum der Städte im 18. Jahrhundert in Europa zu einer großen Energiekrise und extremen Holzknappheit. Die Weißtannen des Schwarzwalds wurden für die holländische Handelsflotte und die Pfahlgründung von Amsterdam benötigt. Auch Bergbau, Holzkohleproduktion und Glasbläser hatten einen hohen Holzbedarf. Die europäischen Wälder konnten den Holzbedarf nicht mehr decken, sie waren in einem miserablen Zustand. Dies war den meisten Menschen vermutlich bewusst, Maßnahmen zum Schutz der Wälder haben sie dennoch nicht getroffen. Es braucht wohl immer einen Vorreiter, der das Offensichtliche aufgreift und die Menschen wachrüttelt. Im 18. Jahrhundert war dies **Hans Carl von Carlowitz**, der in seinem Werk 1713 erschienenen Werk „Sylvicultura oeconomica oder Haußwirthliche Nachricht und Naturgemäße Anweisung zur Wilden Baum-Zucht" zur nachhaltigen Bewirtschaftung des Waldes aufgerufen hat.[1] § 11 Abs. 1 des Bundeswaldgesetzes enthält mit der Aufforderung zur ordnungsgemäßen und nachhaltigen Bewirtschaftung des Waldes im Rahmen seiner Zweckbestimmung auch heute die 300 Jahre alten Forderungen des Hans Carl von Carlowitz, der heute als Erfinder der Nachhaltigkeit angesehen wird. Seine Aufforderung zum pfleglichen Umgang mit der Natur und ihren Rohstoffen, indem man dem Wald nicht mehr Holz entnehmen solle als nachwachse, bildete nicht nur die Grundlagen der modernen Forstwirtschaft, sondern entwickelte Allgemeingültigkeit.

Die aktuelle Nachhaltigkeitsdiskussion nahm 1983 mit der Einberufung der **Brundtland-Kommission** durch die Vereinten Nationen ihren Anfang. 19 unabhängige Bevollmächtigte aus 18 Ländern hatten den Auftrag zur Erstellung eines Perspektivberichts zu langfristig tragfähiger, umweltschonender Entwicklung im Weltmaßstab bis zum Jahr 2000 und darüber hinaus. Der **Brundtland-Bericht** „Report of the World Commission on Environment and Development: Our Common Future"[2] wurde 1987 durch die Vereinten Nationen veröffentlicht und beeinflusste die internationale Debatte über Entwicklungs- und Umweltpolitik maßgeblich. Nach eingehenden Diskussionen auf zwei internationalen Konferenzen (1987 in London und 1988 in Mailand) war er der auslösende Hauptfaktor für die **Umweltkonferenz in Rio de Janeiro 1992**. Dieser über mehrere Jahre vorbereitete Umweltgipfel der Vereinten Nationen mit ca. 10.000 Delegierten aus 178 Ländern hat bis heute Bedeutung. Ziel der Konferenz war die Weichenstellung für eine weltweite, nachhaltige Entwicklung. Ergebnis des Rio-Gipfels waren fünf Schriften zur Nachhaltigkeit:

- Rio-Erklärung über Umwelt und Entwicklung
- Klimarahmenkonvention
- Biodiversitätskonvention
- Walddeklaration
- Agenda 21

1 Vgl. Frankfurter Allgemeine (2014).
2 Vgl. UN (1987).

Neben den fünf Schriften wurde eine Konvention zur Bekämpfung der Wüstenbildung vorbereitet. Ein regierungsübergreifendes Verhandlungskomitee wurde mit der Aufgabe der Vorbereitung einer Konvention zur Bekämpfung der Wüstenbildung in Ländern mit schweren Dürren bzw. Wüstenbildung betraut. Das Komitee beschloss 1994 in Paris die **Konvention zur Bekämpfung der Wüstenbildung** (**U.N. Convention to Combat Desertification**, kurz **UNCCD**).

Die **Rio-Erklärung über Umwelt und Entwicklung**[3] enthält 27 Grundsätze zur Verankerung des Rechts auf nachhaltige Entwicklung. Leitprinzipien sind das Vorsorge- und das Verursacherprinzip. Bekämpfung der Armut, eine angemessene Bevölkerungspolitik, Verringerung und Abbau nicht nachhaltiger Konsum- und Produktionsweisen sowie die umfassende Einbeziehung der Bevölkerung in politische Entscheidungsprozesse sind unerlässliche Voraussetzungen zur Zielerreichung.

Die **Klimarahmenkonvention der Vereinten Nationen** (engl: **United Nations Framework Convention on Climate Change** UNFCCC) war der erste internationale Vertrag, der den Klimawandel als ernstes Problem bezeichnete und die Staatengemeinschaft zum Handeln verpflichtete. Die Belastung der Atmosphäre mit Treibhausgasen sollte hiernach auf einem Niveau stabilisiert werden, das eine gefährliche Störung des Weltklimas verhindert. Um den Klimawandel in vertretbaren, also „ungefährlichen" Grenzen zu halten sollte der weltweite Ausstoß an CO_2 nach damaliger Einschätzung des IPCC bis 2050 um mindestens 60 Prozent reduziert werden. Die Konvention bildet den Rahmen für die Klimaschutz-Verhandlungen, die mittlerweile jährlich als **Vertragsstaatenkonferenz** (engl.: **Conference of the Parties, COP**) stattfinden und das höchste Gremium der Klimarahmenkonvention von 1992 bilden. Auf der COP 3 in Kyoto wurde 1997 das sogenannte **Kyoto-Protokoll** verabschiedet, die Grundlage für den CO_2-Emissionshandel.[4] Besonders bedeutsam war die im Jahr 2015 in Paris stattgefundene COP 21, bei der am 12.12.2015 das sogenannte **Pariser Abkommen**, die aktuelle Grundlage für internationalen Klimaschutz, beschlossen wurde.

Die **Biodiversitätskonvention** bzw. das **Übereinkommen über die biologische Vielfalt** soll dem weltweit zu beobachtenden Rückgang der biologischen Vielfalt entgegentreten, da der Verlust an Lebensräumen, Arten und Genen die Natur verarmen lässt und die Lebensgrundlage der Menschheit bedroht. Die drei Ziele der Konvention sind der Erhaltung der biologischen Vielfalt, die nachhaltige Nutzung ihrer Bestandteile sowie der gerechte Vorteilsausgleich aus der Nutzung genetischer Ressourcen. Um die biologische Vielfalt zu erhalten sind die Grundelemente der Natur auf gerechte und ausgewogene Art nachhaltig zu nutzen. Das bedeutet, dass die Nutzung in einer Art und Weise erfolgen muss, die die biologische Vielfalt langfristig nicht weiter gefährdet. Die einzelnen Länder haben das Recht, über ihre biologischen Ressourcen zu verfügen, sind aber verpflichtet für den Erhalt ihrer biologischen Vielfalt zu sorgen und somit ihre biologischen Ressourcen auf nachhaltige Weise zu nutzen.

3 Vgl. UN (1992).
4 Vgl. Abschnitt 2.3.2..

Die erste internationale **Walddeklaration** ist eine Antwort auf die extensive Rodung der tropischen Regenwälder in den achtziger Jahren, gegen die die betroffenen Länder mangels finanzieller, wissenschaftlicher und technologischer Mittel nicht selbst angehen konnten. Die Walddeklaration stellt rechtlich unverbindliche Leitsätze für die Bewirtschaftung, Erhaltung und nachhaltige Entwicklung der Wälder der Erde auf. Eine von den Industrienationen angestrebte rechtlich verbindlichere Wald-Konvention scheiterte am Widerstand der Entwicklungsländer, die um ihre wirtschaftliche Entwicklung fürchteten. In den Folgejahren wurden drei weitere UN-Waldkonferenzen durchgeführt. 2010 wurde dabei in Oslo die UN-Waldschutzorganisation gegründet. Indirekte Folgen der Walddeklaration sind die Waldschutzzertifizierungssysteme Programme for the Endorsement of Forest Certification Schemes (**PEFC**) und Forest Stewardship Council (**FSC**), die Unternehmen und Verbrauchern die Auswahl nachhaltig produzierter Hölzer und Holzprodukte ermöglicht.

Die **Agenda 21**[5] ist ein umfangreiches Aktionsprogramm für Regierungen und regierungsnahe Organisationen zur Planung einer nachhaltigen Entwicklung in Form von Strategien, nationalen Umweltplänen und nationalen Umweltaktionsplänen, das sich in folgende Abschnitte gliedert:

- Soziale und wirtschaftliche Dimensionen
- Erhaltung und Bewirtschaftung der Ressourcen für die Entwicklung
- Stärkung der Rolle wichtiger Gruppen
- Mittel der Umsetzung

Die jeweiligen Abschnitte enthalten umfassende Maßnahmenpakete zu den einzelnen Handlungsfeldern der Nachhaltigkeitsagenda.

Abschnitt	Handlungsfelder
Soziale und wirtschaftliche Dimensionen	
	Internationale Zusammenarbeit zur Beschleunigung nachhaltiger Entwicklung in den Entwicklungsländern und damit verbundene nationale Politik
	Armutsbekämpfung
	Veränderung der Konsumgewohnheiten
	Bevölkerungsdynamik und nachhaltige Entwicklung
	Schutz und Förderung der menschlichen Gesundheit
	Förderung einer nachhaltigen Siedlungsentwicklung
	Integration von Umwelt- und Entwicklungszielen in die Entscheidungsfindung
Erhaltung und Bewirtschaftung der Ressourcen für die Entwicklung	
	Schutz der Erdatmosphäre
	Integrierter Ansatz für die Planung und Bewirtschaftung der Bodenressourcen
	Bekämpfung der Entwaldung

5 Vgl. Agenda 21 (1992).

Abschnitt	Handlungsfelder
	Bewirtschaftung empfindlicher Ökosysteme: Bekämpfung der Wüstenbildung und der Dürren
	Bewirtschaftung empfindlicher Ökosysteme: nachhaltige Bewirtschaftung von Berggebieten
	Förderung einer nachhaltigen Landwirtschaft und ländlichen Entwicklung
	Erhaltung der biologischen Vielfalt
	Umweltverträgliche Nutzung der Biotechnologie
	Schutz der Ozeane, aller Arten von Meeren einschließlich umschlossener und halbumschlossener Meere und Küstengebiete sowie Schutz, rationelle Nutzung und Entwicklung ihrer lebenden Ressourcen
	Schutz der Güte und Menge der Süßwasserressourcen: Anwendung integrierter Ansätze zur Entwicklung, Bewirtschaftung und Nutzung der Wasserressourcen
	Umweltverträglicher Umgang mit toxischen Chemikalien einschließlich Maßnahmen zur Verhinderung des illegalen internationalen Handels mit toxischen und gefährlichen Produkten
	Umweltverträgliche Entsorgung gefährlicher Abfälle einschließlich der Verhinderung von illegalen internationalen Verbringungen solcher Abfälle
	Umweltverträglicher Umgang mit festen Abfällen und klärschlammspezifischen Fragestellungen
	Sicherer und umweltverträglicher Umgang mit radioaktiven Abfällen
Stärkung der Rolle wichtiger Gruppen	
	Globaler Aktionsplan für Frauen zur Erzielung einer nachhaltigen und gerechten Entwicklung
	Kinder und Jugendliche und nachhaltige Entwicklung
	Anerkennung und Stärkung der Rolle der eingeborenen Bevölkerungsgruppen und ihrer Gemeinschaften
	Stärkung der Rolle der nichtstaatlichen Organisationen – Partner für eine nachhaltige Entwicklung
	Initiativen der Kommunen zur Unterstützung der Agenda 21
	Stärkung der Rolle der Arbeitnehmer und ihrer Gewerkschaften
	Stärkung der Rolle der Privatwirtschaft
	Wissenschaft und Technik
	Stärkung der Rolle der Bauern
Möglichkeiten der Umsetzung	
	Finanzielle Ressourcen und Finanzierungsmechanismen
	Transfer umweltverträglicher Technologien, Kooperation und Stärkung von personellen und institutionellen Kapazitäten
	Die Wissenschaft im Dienst einer nachhaltigen Entwicklung
	Förderung der Schulbildung, des öffentlichen Bewusstseins und der beruflichen Aus- und Fortbildung
	Nationale Mechanismen und internationale Zusammenarbeit zur Stärkung der personellen und institutionellen Kapazitäten in Entwicklungsländern
	Internationale institutionelle Rahmenbedingungen
	Internationale Rechtsinstrumente und -mechanismen
	Informationen für die Entscheidungsfindung

Tab. 2.1 Inhalte der Agenda 21 [eigene Darstellung gem. Agenda 21 (1992)]

In Deutschland wurde 2001 von der damaligen Bundesregierung der Rat für Nachhaltige Entwicklung (kurz **Nachhaltigkeitsrat**) eingerichtet. Er besteht aus 15 Personen des öffentlichen Lebens und soll die Entwicklung von Beiträgen für die Umsetzung der **deutschen Nachhaltigkeitsstrategie**, die Benennung von konkreten Handlungsfeldern und Projekten sowie Nachhaltigkeit vorantreiben. Die 2002 unter dem Titel **„Perspektiven für Deutschland"** verabschiedete und 2016 novellierte deutsche Nachhaltigkeitsstrategie[6] soll kein theoretisches Grundsatzpapier, sondern praktische Orientierung für nachhaltiges Handeln von Politik und Gesellschaft bieten. Ihr Herzstück bildet ein Nachhaltigkeitsmanagementsystem. Dies beinhaltet

- Ziele mit Zeitrahmen zur Erfüllung,
- Indikatoren für ein kontinuierliches Monitoring,
- Regelungen zur Steuerung und
- Festlegungen zur institutionellen Ausgestaltung

Viele Gemeinden in Deutschland haben ihre individuelle lokale Agenda 21 aufgestellt.

Im September 2015 wurde die Nachfolgeagenda der Agenda 2021, die **Agenda 2030**[7], auf einem Gipfel der Vereinten Nationen von allen Mitgliedsstaaten verabschiedet. Sie enthält die fünf Kernbotschaften Mensch, Planet, Wohlstand, Frieden und Partnerschaft (People, Planet, Prosperity, Peace, Partnership), die die Zusammenhänge zwischen den 17 Nachhaltigkeitszielen verdeutlichen sollen.

Abb. 2.1 Die 17 Ziele der Agenda 2030 [Quelle: BMZ (2017)]

[6] Vgl. BMU (2017).
[7] Vgl. UN (2015).

Unter den **17 Nachhaltigkeitszielen** ist folgendes zu verstehen:

Nr.	Ziel	Erläuterung	Beispiel
1	**Keine Armut**	Die weltweite Beseitigung der Armut ist die größte Herausforderung und ein wichtiges Ziel der Nachhaltigkeit.	Der Anschluss der Bevölkerung in Entwicklungsländern an Bewässerungssysteme führt nicht nur zu besseren Erträgen in der Landwirtschaft, sondern ermöglicht Kindern eine bessere Schulbildung, wenn sie weniger Zeit für die Wasserversorgung der Familien aufwenden müssen.
2	**Kein Hunger**	Ziele sind die Beendigung des Hungers bis 2030 einschließlich aller Folgen der Mangelernährung, die Verdopplung der landwirtschaftlichen Produktivität und die Schaffung von Auffangsystemen für Krisenzeiten. Hunger verletzt nicht nur die Menschenwürde, sondern ist eine der Hauptursachen für Flucht, Vertreibung, Hoffnungslosigkeit und Gewalt.	Entwicklungsprojekte fördern Kleinbauern/-bäuerinnen in Entwicklungsländern bei der nachhaltigen Nutzung von Wasser und Böden, die ihre wichtigsten natürlichen Lebensgrundlagen darstellen, da eine produktive und umweltschonende Landwirtschaft die Armut vermindert und die Entwicklung vorantreibt.
3	**Gesundheit und Wohlergehen**	Täglich sterben weltweit ca. 16.000 Kleinkinder an Krankheiten, die in Industrieländern keine ernste Gefahr mehr darstellen. Die Förderung der Gesundheit ist ein Gebot der Menschlichkeit und Bestandteil verantwortlicher Führung.	Zur Verbesserung von Ausbildung, Ausrüstung und Aufklärung im Gesundheitswesen findet ein fachlicher Austausch mit europäischen Fachleuten in den Entwicklungsländern statt.
4	**Hochwertige Bildung**	Bildung ermöglicht Menschen, politische, soziale, kulturelle und wirtschaftliche Herausforderungen zu meistern.	Europäische Fachleute vor Ort in Entwicklungsländern zur Unterstützung bei der Beantragung von internationalen Fördermitteln stellen sicher, dass die Gelder form- und fristgemäß beantragt werden und ermöglichen somit vielen Kindern eine Schulausbildung.
5	**Geschlechtergleichheit**	Gleiche Rechte, Pflichten, Chancen und Macht für Männer und Frauen ist vielerorts noch keine Realität. Ziel ist, dass Frauen sich gleichgestellt an allen Entscheidungen beteiligen können, die ihr Leben beeinflussen und Führungspositionen auf allen Ebenen des politischen, ökonomischen und öffentlichen Lebens übernehmen können.	Qualifizierte Schul- und Berufsausbildung ermöglicht Mädchen und Frauen die Übernahme von Verantwortung.
6	**Sauberes Wasser und Sanitäreinrichtungen**	Sauberes Wasser ist Lebengrundlage, unentbehrlich für Haushalt, Landwirtschaft und Industrie. 10% der Menschen haben keinen Zugang zu sauberem Trinkwasser, 32% keine angemessene sanitäre Basisversorgung.	Öffentliche Wasserzapfsäulen mit Münzeinwurf stellen der Bevölkerung in Entwicklungsländern sauberes Wasser zu tragbaren Preisen zur Verfügung. Korrupten Wasserhändlern wird das Handwerk gelegt, der Gesundheitszustand der Bevölkerung verbessert sich.

Nr.	Ziel	Erläuterung	Beispiel
7	**Bezahlbare und saubere Energie**	Energie ist Grundlage für die Entwicklung. Aus Klimaschutzgründen müssen die Energieeffizienz und der Anteil der erneuerbaren Energien erhöht werden.	Zinsgünstige Darlehen aus Deutschland fördern den Ausbau der Solarenergie in Afrika.
8	**Menschenwürdige Arbeit und Wirtschaftswachstum**	Menschenwürdige Arbeitsplätze in ausreichender Anzahl fördern das Wirtschaftswachstum.	Staatlich geförderte Entwicklungspartnerschaften ermöglichen deutschen Unternehmen Ausbildungs- und Qualifizierungsmaßnahmen an ihren Produktionsstandorten in Entwicklungsländern.
9	**Industrie, Innovation und Infrastruktur**	Die Infrastruktur in vielen ländlichen Regionen in Entwicklungsländern ist hinsichtlich Transportwegen und Energieversorgung unzureichend. Schwierige und teure Transporte erschweren den Zugang zu Absatzmärkten und somit die Entwicklung.	Während der Regenzeit waren viele Straßen in Laos über 6 Monate im Jahr unpassierbar. Dank eines Förderprogramms zum Straßenbau hat sich die Lebenssituation von 140.000 Menschen deutlich verbessert.
10	**Weniger Ungleichheiten**	Die wachsende soziale und wirtschaftliche Ungleichheit zwischen den Staaten führt zu Konflikten und ist eine wesentliche Fluchtursache.	Die Ausbildung von Menschen in landwirtschaftlicher Produktion ermöglicht ihnen ein ausreichendes Auskommen und vermindert das Entflammen von Konflikten.
11	**Nachhaltige Städte und Gemeinden**	Die Urbanisierung scheint weltweit unaufhaltsam, sie stieg von 30% 1950 auf heute 50% und wird 2050 80% betragen. Die Lebensbedingungen in den Städten sind teilweise stark verbesserungswürdig, der Energieverbrauch enorm.	Zinsverbilligte Darlehen aus Deutschland fördern energieeffiziente Wohnungsbauprojekte.
12	**Nachhaltige/r Konsum und Produktion**	Eine ressourcenschonende Wirtschafts- und Lebensweise erfordert eine Umstellung der Konsumgewohnheiten und Produktionstechniken nach international gültigen Arbeits-, Gesundheits- und Umweltschutzregelungen.	In Europa angebotene Kleidungsstücke haben eine lange internationale Lieferkette. Die Arbeitsbedingungen in den Entwicklungsländern sind oft katastrophal. Bündnisse zwischen Textilwirtschaft, Gewerkschaften, Verbrauchern und Politik können transparente Lieferketten schaffen und somit für existenzsichernde Löhne, Gesundheits- und Brandschutz an den Produktionsstandorten und die Einhaltung von Sozialstandards sorgen.
13	**Maßnahmen zum Klimaschutz**	Der Klimawandel ist ein globales Problem, das alle Lebens- und Wirtschaftsbereiche betrifft.	Durch die Ausbildung von Rangern zur Bewachung und Verteidigung von Wäldern wird die illegale Abholzung und Brandrodung verhindert, der Lebensraum von Pflanzen und Tieren gewahrt und der wichtige Kohlenstoffspeicher geschützt. Dabei entstehende Arbeitsplätze für Männer und Frauen, im Rahmen der Projekte entstehen auch Schulen und Krankenhäuser.

Nr.	Ziel	Erläuterung	Beispiel
14	**Leben unter Wasser**	Ozeane, Meere und Meeresressourcen sind zu erhalten und nachhaltig zu nutzen.	Im Rahmen internationaler Projekte werden Meeresschutzgebiete errichtet, die Lebensräume für bedrohte Tierarten sowie Arbeitsplätze schaffen, die den Menschen eine legale Tätigkeit anstelle der Wilderei bietet.
15	**Leben an Land**	Schutz von Ökosystemen, Wäldern, Bekämpfung von Wüstenbildung und Bodenverschlechterung sollen die Biodiversität schützen.	Aus- und Weiterbildungsangebote für Forstbehörden dienen dem Schutz von Wäldern und unter anderem auch dem Klimaschutz.
16	**Frieden, Gerechtigkeit und starke Institutionen**	Friedliche inklusive Gesellschaften mit Zugang zur Justiz und effektiven, rechenschaftspflichtigen Institutionen sorgen für Frieden und Stabilität, unabdingbar für die nachhaltige Entwicklung.	Maßnahmen zum Wiederaufbau von ehemaligen Kriegsgebieten sorgen für Stabilität, sodass Fluchtursachen bekämpft werden.
17	**Partnerschaften zur Erreichung der Ziele**	Die Ziele der Agenda 2030 können durch globale Partnerschaften erreicht werden.	Durch globale Impfprogramme können Krankheiten wirkungsvoll global bekämpft werden.

Tab. 2.2 Erläuterung der 17 Ziele der Agenda 2030 [basierend auf BMZ (2017)]

Diese **Sustainable Development Goals** (kurz SDGs) haben sich wesentlich stärker als das vorausgegangene Konzept der Millennium Development Goals in kurzer Zeit als weltweit führender normativer und analytischer Bezugsrahmen für die Ausarbeitung konkreter Nachhaltigkeitsstrategien entwickelt. Insbesondere in der Unternehmenswelt nehmen sie eine führende Rolle als Bezugsrahmen vieler Nachhaltigkeitsstrategien ein. Nach einer aktuellen Untersuchung der Kirchhoff Consult AG und der BDO AG Wirtschaftsprüfungsgesellschaft beziehen von 160 börsennotierten Unternehmen in Deutschland fast die Hälfte die SDGs in ihre Nachhaltigkeitsberichterstattung mit ein, bei den DAX-30 Unternehmen sind es sogar mehr als 80 Prozent (Stand: Dezember 2018).[8]

Während in Fachkreisen bezüglich Nachhaltigkeitskonzepten und -vorhaben große Fortschritte erreicht wurden, kamen die Themen in breiten Kreisen der Bevölkerung nur langsam an. Die **Umweltbewegung** der 1970er- und 1980er-Jahre bezog sich im Wesentlichen auf Forderungen zum **Atomausstieg**, der 2011 nach der Reaktorkatastrophe in **Fukushima** Gesetz wurde und bis 2022 zum Abschalten aller deutschen Atomreaktoren führen wird. Der Atomausstieg ist auch unter Fachleuten nicht ganz unumstritten. Einerseits stellen die Risiken der Kernenergie ein gewichtiges Argument gegen die Nutzung der Atomkraft dar. Andererseits ist es eine Tatsache, dass Kernkraftwerke, in denen im Gegensatz zu Kohle-, Gas- oder Ölkraftwerken keine fossilen Brennstoffe verbrannt werden und somit kein CO_2 emittiert wird, eine klimafreundliche Form der Stromgewinnung sind. Des Weiteren importiert Deutschland Atomstrom aus anderen Ländern, was Fachleuten zu der Diskussion anregt, ob die dort produzierenden Kernkraftwerke sicherer oder unsicherer sind als die in Deutschland stillgelegten nuklearen Anlagen.

8 Vgl. Kirchhoff Consult/ BDO (2018), S. 11.

1992 wurde in Rio de Janeiro die **Klimarahmenkonvention der Vereinten Nationen** verabschiedet. Trotz regelmäßiger **Vertragsstaatenkonferenzen**, der Verabschiedung von **Kyoto-Protokoll** und **Pariser Abkommen** standen sich lange die Fraktionen der **Klimaschützer** und **Klimaskeptiker** teilweise unerbittlich gegenüber. Extreme Wetterereignisse wie der Hitzesommer 2003 oder der Hurrikan Katrina 2005 in der Karibik ließen kurzfristig aufhorchen, aber insgesamt blieb Klimaschutz lange ein Nischenthema. Die Wende trat in den letzten Jahren ein, der Dürresommer 2018 hat mit Sicherheit auch dazu beigetragen, dass heute die Mehrheit der Deutschen die Existenz des Klimawandels bejaht und die Folgen fürchtet. Während der Klimawandel mehrheitlich anerkannt wird, hinkt der aktive Klimaschutz insgesamt hinterher.

Das von allen Staaten außer Syrien und den USA anerkannte **Pariser Abkommen** sieht die Begrenzung der anthropogenen globalen Erwärmung auf möglichst 1,5 °C, auf jeden Fall deutlich unter 2 °C, gegenüber vorindustriellen Werten vor. Jeder Staat setzt sich sein Minderungsziel und passt es fortwährend an. Die EU will bis 2030 ihre Treibhausgasemissionen um mindestens 40 % im Vergleich zum Basisjahr 1990 vermindern. Da das Pariser Abkommen keine den Kyoto-Instrumenten vergleichbaren konkreten Maßnahmen enthält, ist das Kyoto-Protokoll weiterhin das Fundament des CO_2-Emissionshandels.

Deutschlands im **Integrierten Energie- und Klimaprogramm** (**IEKP**) der Bundesregierung festgehaltenes **Klimaschutzziel** ist es, die nationalen Treibhausgasemissionen bis 2020 um 40 % und bis 2050 um 80 bis 95 % unter das Niveau von 1990 zu reduzieren. In Deutschland wurden die Treibhausgas-Emissionen im Vergleich zum Basisjahr 1990 bis 2017 um 27,7 % bzw. 347,3 Mio. Tonnen CO_2-Äquivalente pro Jahr vermindert. Bis 2020 sollte eine Minderung der Treibhausgase um etwa 33 bis 34 % erreicht werden. Dieses Ziel wird allerdings voraussichtlich nicht eingehalten, 32 % erscheinen realistisch.[9] Das ursprüngliche 40%-Ziel für 2020 wird deutlich verfehlt.

Neben den staatlich initiierten Maßnahmen sind für den aufmerksamen Beobachter aber zahlreiche **Klimaschutzaktivitäten** erkennbar.

Aktuell scheint das Thema einen großen Popularitätsschub zu erfahren. Die 2018 von der schwedischen Schülerin **Greta Thunberg** gegründete Bewegung **Fridays for Future** veranlasst wöchentlich 2 Mio. Schüler weltweit zu Protesten für mehr Klimaschutz. Politiker denken offen über Antworten nach, eine international diskutierte Alternative ist die Einführung einer **CO_2-Steuer**[10].

2.2 Dimensionen

Der Begriff „Nachhaltigkeit" ist in jüngster Zeit fast zu einem Modebegriff geworden, er gilt mittlerweile als Leitbild für politisches, wirtschaftliches und ökologisches Handeln. Trotz seiner weiten Verbreitung gibt es jedoch keine einheitliche Definition. Vielmehr gibt es verschiedene Erklärungsansätze, die je nach Quelle unterschiedliche Schwerpunkte thema-

[9] Vgl. BMWI (2019).
[10] Vgl. Abschnitt 1.3.2. für nähere Einzelheiten.

tisieren.[11] Ausgangspunkt vieler Definitionen von Nachhaltigkeit ist die Beschreibung des **Brundtland-Berichts** von 1987 (siehe 2.1): „Humanity has the ability to make development sustainable – to ensure that it meets the needs of the present without compromising the ability of future generations to meet their own needs."[12] Im Zentrum des Begriffs stand also ursprünglich das Generationenkonzept und die Notwendigkeit, zukünftigen Generationen ein lebenswertes Leben auf der Erde zu ermöglichen.

In der praktischen Anwendung hat sich jedoch im Zeitablauf ein deutlich erweitertes Verständnis von Nachhaltigkeit durchgesetzt. Neben der Erhaltung der Lebensgrundlage für zukünftige Generationen (also letztlich dem ökologischen Aspekt) stehen auch ökonomische und soziale Aspekte im Vordergrund. Aus diesen drei Dimensionen – Ökonomie, Ökologie und Soziales – speist sich das sog. **Drei-Säulen-Modell der Nachhaltigkeit**, das meist in Form eines Dreiecks dargestellt wird, um die Abhängigkeit der einzelnen Dimensionen voneinander zu verdeutlichen (siehe **Abb. 2.2**).[13] Dieser Grundstruktur folgen beispielsweise auch die GRI Standards als wichtigster internationaler Standard zum Nachhaltigkeits-Reporting (siehe 3.2.1).

Nach dem Drei-Säulen-Modell sind die drei Dimensionen der Nachhaltigkeit grundsätzlich gleich gewichtet. So stehen ökonomische Aspekte auf gleicher Ebene wie ökologische Aspekte. Kritiker werfen dem Konzept daher vor, dass die ökologische Dimension einen zu geringen Stellenwert hat und bezeichnen das Konzept daher auch als „schwaches Konzept der Nachhaltigkeit". Dem gleichberechtigen Drei-Säulen-Modell wird daher ein „gewichtetes Drei-Säulen-Modell" gegenübergestellt, bei dem natürliche Ressourcen und die Wahrung des Weltklimas das Fundament bilden, auf dem die anderen Dimensionen basieren.[14]

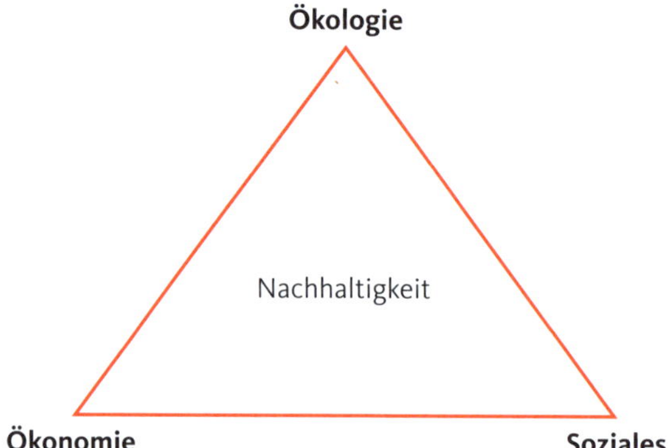

Abb. 2.2 Dimensionen der Nachhaltigkeit nach dem Drei-Säulen-Modell

[11] Vgl. Aachener Stiftung Kathy Beys (2015).
[12] World Commission on Environment and Development (1987), Kapitel 3 Absatz 27.
[13] Vgl. etwa IHK (2019).
[14] Vgl. etwa IHK (2019).

2.3 Begriffliche Abgrenzung

2.3.1 Corporate Responsibility

Neben dem Begriff Nachhaltigkeit selbst gibt es eine Reihe von verwandten Konzepten, die teilweise auch als Synonyme verwendet werden. Einer der am häufigsten verwendeten Begriffe ist **Corporate Social Responsibility (CSR)** bzw. **Corporate Responsibility (CR)**.[15]

Das CSR-Konzept kommt ursprünglich aus den USA und entstammt der philanthropischen Vorstellung des verantwortungsvollen Unternehmens, das sich neben seinem Kerngeschäft auch für das Gemeinwohl einsetzt. Von diesem Wortursprung her gedeutet kann CSR also eher als nachgelagertes Konzept verstanden werden, bei dem sich ein Unternehmen losgelöst von seinem Geschäftsmodell bzw. Kerngeschäft für ökologische oder soziale Belange engagiert, während der Begriff der **Nachhaltigkeit** stärker mit dem Kerngeschäft verknüpft ist und es darum geht, „[...] nicht Gewinne zu erwirtschaften, die dann in Umwelt- und Sozialprojekte fließen, sondern Gewinne bereits umwelt- und sozialverträglich zu erwirtschaften."[16]

In der Praxis ist diese Unterscheidung jedoch hinfällig, da die Begriffe Nachhaltigkeit und CSR weitgehend als Synonyme verwendet werden. Eine sinnvolle Abgrenzung des CSR-Konzepts zum Begriff der Nachhaltigkeit ist fast nicht möglich. Auch die Funktionsbeschreibungen in Unternehmen nutzen beide Begriffe. Sprachen Unternehmen früher häufiger noch von **Nachhaltigkeitsbeauftragten**, setzt sich aktuell stärker die Bezeichnung C(S)R-Manager durch. Im Kern können die Begriffe daher weitgehend als Synonyme betrachtet werden.

2.3.2 Abgrenzung zu ähnlichen Thematiken

Im Zusammenhang mit dem Thema Nachhaltigkeit werden oft verwandte Anliegen genannt. Dies sind insbesondere

- Gemeinnützigkeit
- CO_2-Emissionshandel
- CO_2-Steuer
- Entgelttransparenz
- Frauenquote
- Inklusion

Diese – zweifelsohne sehr wichtigen Themen – verstehen wir in diesem Buch aus folgenden Gründen **nicht** als unternehmerische Nachhaltigkeit:

Gemeinnützigkeit ist ein Begriff aus dem Steuerrecht. Das Gemeinnützigkeitsrecht ist im Wesentlichen in den §§ 51 – 68 der Abgabenordnung (AO) geregelt, wo gemeinnützige, mildtätige oder kirchliche Zwecke als steuerbegünstigte Zwecke definiert werden.

[15] Im Kern bezeichnen beide Begriffe – Corporate Responsibility und Corporate Social Responsibility – das gleiche, allerdings zeichnet sich insbesondere im kontinentaleuropäischen Raum zunehmend die Tendenz am, den Zusatz „Social" weggelassen, um deutlich zu machen, dass die Verantwortung von Unternehmen auch z.B. ökologische Aspekte mit einschließt (vgl. Praum (2015), S. 41).

[16] Vgl. Pufé 2014, S.16 in IHK (2019).

Gemeinnützige Zwecke liegen gem. § 52 AO vor, wenn die Tätigkeit darauf gerichtet ist, die Allgemeinheit auf materiellem, geistigem oder sittlichem Gebiet selbstlos zu fördern. § 52 Abs. 2 AO listet neben dem Umweltschutz 24 weitere gemeinnützige Zwecke auf. Voraussetzung für die Steuerbegünstigung ist, dass die Körperschaft selbstlos, ausschließlich und unmittelbar gemeinnützige Zwecke verfolgt. Selbstlosigkeit verbietet gem. § 55 AO eigenwirtschaftliche Zwecke wie gewerbliche Zwecke oder sonstige Erwerbszwecke. Ausschließlichkeit liegt gem. § 56 AO vor, wenn eine Körperschaft nur ihre steuerbegünstigten satzungsmäßigen Zwecke verfolgt. Unmittelbarkeit erfordert gem. § 57 AO, dass die Körperschaft ihre steuerbegünstigten satzungsmäßigen Zwecke selbst oder durch Hilfspersonen verwirklicht. Sind Satzung und Geschäftsführung entsprechend aufgestellt bzw. tätig, kann die Gemeinnützigkeit auf Antrag oder von Amts wegen vom Finanzamt im körperschaftssteuerlichen Veranlagungsverfahren festgestellt werden. Die Gemeinnützigkeit ist an keine besondere Rechtsform gebunden, neben Vereinen und Stiftungen sind auch andere Rechtsformen denkbar.

Eine gemeinnützige Organisation unterliegt besonderen Nachweispflichten, die erhöhte Anforderungen an das Rechnungswesen stellen. So ist jeder Geschäftsvorfall einem der folgenden vier Bereiche, die strikt zu trennen sind, zuzuordnen:

- Im steuerbefreiten ideellen Bereich erfüllt das Unternehmen seinen satzungsgemäßen Zweck ohne Gegenleistung.
- Die Vermögensverwaltung (auch Vermietung und Verpachtungen von Mobilien und Immobilien) unterliegt einem ermäßigten Umsatzsteuersatz von 7%.
- Der wirtschaftliche Geschäftsbetrieb ermöglicht der Körperschaft ein „normales" wirtschaftliches Handeln, ist nicht gemeinnützig und voll steuerpflichtig.
- Der ermäßigt besteuerte Zweckbetrieb ist ein wirtschaftlicher Geschäftsbetrieb, der den ideellen Bereich unterstützt und nicht im direkten Wettbewerb mit anderen bestehenden Unternehmen steht.

Neben der Freistellung von der Körperschaftssteuer führt die Gemeinnützigkeit zu umsatzsteuerlichen Vergünstigungen und der Erlaubnis zur Ausstellung von Spendenquittungen. Die Ausstellung von Spendenquittungen ist zum einen an formale Voraussetzungen gebunden, zum anderen muss die Spende unentgeltlich und freiwillig um der guten Sache willen ohne Erwartung eines besonderen Vorteils geleistet werden. Privatpersonen dürfen gemäß § 10b EStG Zuwendungen (Spenden und Mitgliedsbeiträge) zur Förderung steuerbegünstigter Zwecke, die sonst für sie steuerlich irrelevant wären, bis zur Höhe von 20 Prozent des Gesamtbetrags der Einkünfte als Sonderausgaben abzuziehen. Für Unternehmen stellt es sich anders dar. Spenden sind dem Einkommen gem. § 9 Abs. 2 KStG wieder hinzuzurechnen. § 9 Abs. 1 Nr. 2 KStG gewährt dann die Möglichkeit der Berücksichtigung bis zur Höhe von insgesamt 20 % des Einkommens oder 4 Promille der Summe aus Umsätzen und Löhnen und Gehältern.

Zusammenfassend lässt sich sagen, dass Gemeinnützigkeit ein steuerlicher Begriff ist, der unter bestimmten Voraussetzungen steuerliche Vorteile gewährt. Gemeinnütziges Handeln kann unter Umständen nachhaltig sein, einige kraft Gesetz gemeinnützige Zwecke wie Förderung der Wissenschaft, Religion, Kunst und Kultur oder Denkmalschutzes erfüllen nicht die Kriterien nachhaltigen Handelns. Sowohl Nachhaltigkeit wie Gemeinnützigkeit fallen in die Kategorie „Gutes tun“, haben aber ansonsten in der Regel wenig Gemeinsamkeiten.

Der **CO_2-Emissionshandel** verpflichtet ca. 12.000 Anlagen der Industrie und Energieversorgung in 31 europäischen Ländern (28 EU-Staaten, Liechtenstein, Island und Norwegen) sowie 6.000 internationale Luftfahrzeugbetreiber aus mehr als 150 Ländern, für jede emittierte Tonne CO_2 ein Emissionszertifikat abzugeben. Betreiber von Kraftwerken müssen die Emissionsrechte vollständig käuflich erwerben, Industrieunternehmen und Fluggesellschaften erhalten unter bestimmten Voraussetzungen kostenlose Zuteilungen, fehlende Rechte sind auch von diesen Unternehmen hinzuzukaufen. Das Volumen des EU-Emissionshandels beträgt fast 2 Milliarden Tonnen CO_2 pro Jahr, auf Deutschland entfallen davon 416 Mio. Tonnen. Die Preise für eine Tonne CO_2 unterliegen starken Schwankungen zwischen wenigen Eurocent bis weit über 20,00 €. Eine durch die EU-Kommission hervorgerufene Verknappung der Emissionsrechte hat in der von 2013–2020 laufenden Dritten Handelsperiode zu einer Stabilisierung der Preise geführt.

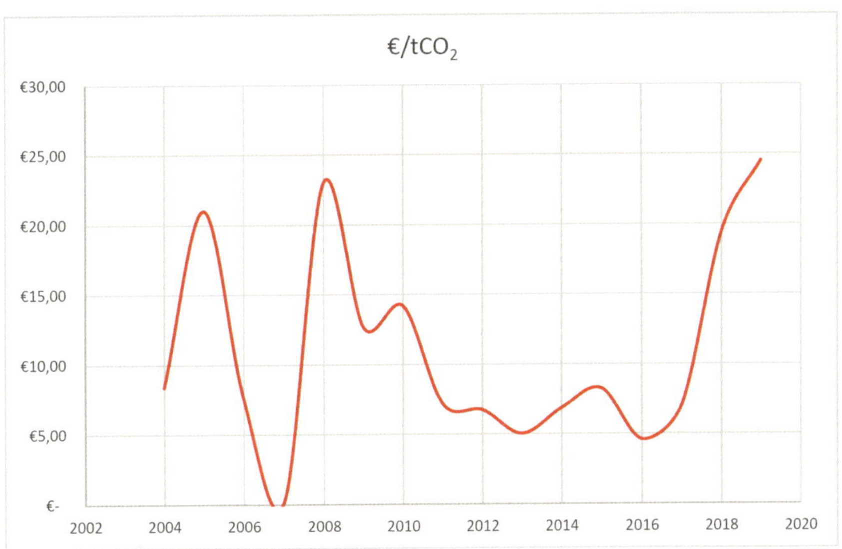

Abb. 2.3 Entwicklung der Preise im EU-Emissionshandel[17]

Die am Emissionshandel teilnehmenden Unternehmen verfügen in der Praxis über gemischte Portfolios aus kostenlos zugeteilten und zu unterschiedlichen Preisen käuflich erworbenen Rechten. Die adäquate Bilanzierung dieser Portfolios stellt in der Praxis der Bilanzierung eine große Herausforderung dar, bei der die gängigen Rechnungslegungsstandards an ihre Grenzen stoßen.[18]

17 Eigene Abbildung auf Basis der Daten von European Energy Exchange, vgl. EEX (2019).
18 Vgl. Völker-Lehmkuhl (2019).

Der EU-Emissionshandel ist ein staatlich vorgeschriebenes Instrument zum Klimaschutz, das genau definierte Unternehmen zur Teilnahme verpflichtet, aber nicht unter die Nachhaltigkeitsdefinition dieses Buches fällt.

Der CO_2-Emissionshandel ist ein mittlerweile bewährtes, aber unzureichendes staatliches Steuerungsinstrument zur Reduzierung von Treibhausgasemissionen, da es nur die Emissionen der Energiewirtschaft, ausgewählter Industriezweige und des Luftverkehrs erfasst, aber die Emissionen des übrigen Verkehrs, der Haushalte (im Wesentlichen durch Raumwärme und Warmwasser) und der restlichen Wirtschaftszweige nicht erfasst. Daher fordern führende Ökonomen die Einführung einer **CO_2-Steuer**, die zusätzlich zum Emissionshandel den Ausstoß von Treibhausgasemissionen besteuern würde. Der Problematik, dass sozial schwache Haushalte, denen ein Ausweichen auf klimafreundliche Alternativen wie energieeffiziente Häuser und Elektromobilität nicht möglich sind, durch eine CO_2-Steuer zusätzlich belastet würden, kann man dadurch begegnen, dass die Einnahmen der CO_2-Steuer den Bürgern an anderer Stelle durch Steuersenkungen oder staatliche Zuschüsse beispielsweise zur Krankenversicherung wieder zurückgegeben werden. Die Schweiz und Schweden haben derartige Systeme bereits eingeführt.[19]

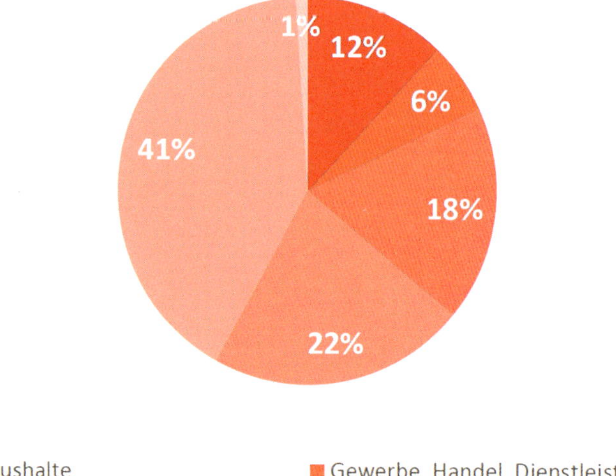

Abb. 2.4 Treibhausgasemissionen in Deutschland im Jahr 2017 nach Sektoren (eigene Abbildung auf Basis des Umweltbundesamts (2019a)).

[19] Vgl. Welt (2019a), Welt (2019b) und Welt (2019c).

Das Gesetz zur Förderung der Entgelttransparenz **(Entgelttransparenzgesetz)** gebietet die gleiche Entlohnung von Männern und Frauen bei gleicher bzw. gleichwertiger Arbeit. Arbeitnehmer in Betrieben mit mehr als 200 Beschäftigten erhalten einen individuellen Auskunftsanspruch über die Kriterien und Verfahren der Entgeltfindung für ihre Tätigkeit und eine gleiche oder gleichwertige Tätigkeit sowie Informationen über Vergleichsentgelte. Verfügt das Unternehmen über mehr als 500 Beschäftigte, sind betriebliche Verfahren zur Entgeltgleichheit zu implementieren. Sind diese Unternehmen aufgrund anderer Vorschriften zur Erstellung eines Lageberichts verpflichtet, ist in diesem über den Stand der Gleichstellung und Entgeltlichkeit zu berichten. Dieser so genannte Entgeltbericht ist bei tarifgebundenen Unternehmen alle 5 Jahre, bei den übrigen Unternehmen alle 3 Jahre aufzustellen und offenzulegen. Auch wenn die Entgeltgleichheit einen wichtigen sozialen Aspekt darstellt, sehen wir in der Erfüllung der Pflichten nach dem Entgelttransparenzgesetz kein nachhaltiges Handeln im Sinne dieses Buches.

Ein weiteres Instrument zur Gleichstellung von Männern und Frauen ist die **Frauenquote**, allgemeiner auch als **Geschlechterquote** oder **Genderquote** bezeichnet. Gemäß § 52 Abs. 2 GmbHG legt die Gesellschafterversammlung in Unternehmen, die nach dem Drittelbeteiligungsgesetz ein Aufsichtsrat bestellen, für den Frauenanteil im Aufsichtsrat und der Geschäftsführung und einer Ebene darunter Zielgrößen fest. Der Aufsichtsrat legt die Zielgrößen fest, wenn dieser nach dem Mitbestimmungsgesetz, dem Montan-Mitbestimmungsgesetz oder dem Mitbestimmungsergänzungsgesetz bestellt wurde. Bei einem Frauenanteil von unter 30 Prozent, darf dieser Wert als Zielgröße nicht unterschreiten werden. Gleichzeitig sind Fristen zur Erreichung der Zielgrößen von höchstens fünf Jahren festzulegen. Über die Frauenquote ist im Lagebericht im Rahmen der **Erklärung zur Unternehmensführung** gemäß § 289a Abs. 2 Nr. 4 bis Abs. 4 HGB zu berichten. Verstöße stellen einen berichtspflichtigen Gesetzesverstoß dar mit den entsprechenden Folgen für Prüfungsbericht und Bestätigungsvermerk. Die Besetzung der Führungsebenen mit Frauen ist ein Teil des nachhaltigen Engagements bezüglich der Ziele Demografie bzw. Diversity, das sich aber auf alle Führungsebenen bezieht.

Ein weiterer Teilaspekt des Bereichs Demografie bzw. Diversity wird unter dem Begriff **Inklusion** gefasst, der der UN-Behindertenrechtskonvention entstammt. Er bedeutet, dass Menschen mit und ohne Behinderung ganz selbstverständlich zusammen lernen, wohnen, arbeiten und leben. Unternehmen, die im besonderen Maße Menschen mit Behinderung in ihre Betriebe integrieren, verhalten sich in diesem Bereich besonders nachhaltig.

2.4 Entwicklungen in der heutigen Zeit

Seit Einführung des Begriffs der Nachhaltigkeit in den 1980er-Jahren hat sich der Umgang von Unternehmen mit dem Thema stark gewandelt. Stand dieses Thema anfangs noch weitgehend losgelöst vom eigentlichen Kerngeschäft auf der Agenda von Unternehmen (siehe 2.3.1), so lässt sich in den letzten Jahren beispielsweise eine immer stärkere **Integration mit dem Kerngeschäft** und der Unternehmensstrategie beobachten – was sich letztlich auch im wachsenden Trend hin zu integrierten Berichten widerspiegelt (siehe 3.2.2). Weiterhin lässt sich auch eine deutlich **intensivierte Zusammenarbeit** zwischen Unternehmen beobachten. Und nicht zuletzt geht auch das Thema **Digitalisierung** als aktueller Megatrend am Thema Nachhaltigkeit nicht spurlos vorbei:

Nachhaltigkeit als Teil des Kerngeschäfts: Insgesamt ist in der Gesellschaft in den letzten Jahren das Bewusstsein gewachsen, dass unsere Wirtschaftsweise nicht dauerhaft so aufrechterhalten werden kann, wie es seit Beginn der Industrialisierung gelebt wurde. Die Debatte um die Übernutzung der natürlichen Ressourcen (Stichwort „Earth Overshoot Day"[20]) oder die aktuellen Forschungsergebnisse des Weltklimarates[21] haben dazu geführt, dass Unternehmen mit wenig nachhaltigen Geschäftsmodellen heute stärker in der Kritik stehen. Nicht-nachhaltige Geschäftsmodelle mit zusätzlichen Nachhaltigkeitsmaßnahmen auszugleichen wird daher zunehmend als Greenwashing angesehen (siehe auch 4.2.2). Vielmehr wird von Unternehmen mehr und mehr gefordert, Nachhaltigkeit als integralen Bestandteil der Unternehmensstrategie oder sogar als Teil des Kerngeschäfts zu definieren:[22] Die Wirtschaftswoche beschreibt diesen Trend wie folgt:

> *„Nachhaltigkeit im Kerngeschäft zu verankern, steht für das unternehmerische Bekenntnis, das Kerngeschäft in allen Aspekten so zu gestalten, dass ökonomischer, ökologischer und sozialer Mehrwert gleichzeitig entsteht."*[23]

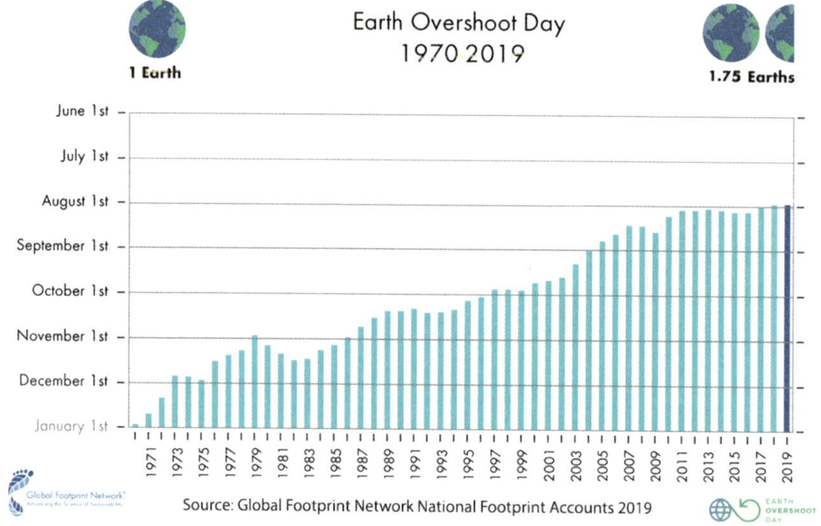

Abb. 2.5 Der „Earth Overshoot Day" im Zeitablauf (1970–2019)[24]

20 Der „Earth Overshoot Day" bezeichnet den Tag im Jahr, an dem das jährliche Ressourcen-Budget aufgebraucht ist – an dem also so viele Ressourcen verbraucht wurden, wie die Erde sie in einem Jahr bereitstellen kann. Im Jahr 2019 fiel dieser auf den 29. Juli und lag damit so früh im Jahr wie niemals zuvor (vgl. Umweltbundesamt (2019b)).

21 Siehe IPCC (2018).

22 Siehe etwa Bain & Company (2018). Die Anforderung, im Kerngeschäft nachhaltig zu sein, ist beispielsweise auch eine Anforderung des Deutschen Nachhaltigkeitspreises (vgl. Deutscher Nachhaltigkeitspreis (2018)).

23 Wirtschaftswoche (2014).

24 Quelle: Earth Overshoot Day (2019).

Beispiel

Ein Beispiel für den Anspruch, Nachhaltigkeit zum Kern der Unternehmensstrategie zu machen, stellt der deutsche Hersteller von Funktionstextilien **SympaTex** dar. Das Unternehmen aus dem Raum München ist seit 1986 am Markt aktiv und ist einer der weltweit führenden Hersteller von Hightech-Funktionsmaterialien, etwa für Bekleidung, Schuhe oder technische Anwendungen. Seit einigen Jahren bildet das Thema **Nachhaltigkeit** den Kern der Geschäftsstrategie und ist **integraler Bestandteil der Unternehmensmission** und Marktpositionierung.

In einer „Agenda 2020" hat sich das Unternehmen das Ziel gesetzt, „bis zum Jahr 2020 den ökologischen Kreislauf in der Funktionsbekleidungsindustrie zu schließen."[25] Ausgangspunkt bilden die 100% recycelten Membrane, die seit 2017 auch vollständig klimaneutral angeboten werden. Im Rahmen eines **Sympathy Lab** arbeitet das Unternehmen mit Lieferanten und Kunden an der Weiterverbreitung des Nachhaltigkeitsansatzes und etwa der Ausweitung des Recycling-Konzeptes auf die Ober- und Futterstoffe. Dieses Konzept wurde beispielsweise von der **bleed clothing GmbH** aufgegriffen, die 2017 die erste vollständig recycelte und klimaneutrale Outdoor-Jacke präsentiert hat.[26]

Vernetzung von Unternehmen: Weiterhin stellen Unternehmen zunehmend fest, dass der eigene Handlungsspielraum oftmals erheblich begrenzt ist, da Unternehmen in vielen Fällen von den Nachhaltigkeitsentscheidungen anderer Unternehmen abhängen. Beispielsweise kontrollieren die meisten Unternehmen den geringsten Anteil ihrer CO_2-Emissionen selbst (10-20%), während der Großteil der CO_2-Emissionen (80-90%) bereits in vorgelagerten Wertschöpfungsstufen anfällt, also bereits fertig mit eingekauft wird.[27] Auch in vielen anderen Handlungsfeldern der Nachhaltigkeit ist der Einfluss einzelner Unternehmen begrenzt. Daher schließen sich Unternehmen zunehmend zusammen. Die Vernetzung kann dabei auf drei Ebenen stattfinden:

1. **Vernetzung innerhalb von Branchen**: Es ist eine Tendenz zu beobachten, dass sich Unternehmen in bestimmten Branchen zusammenschließen oder zumindest austauschen, um die spezifischen Nachhaltigkeitsherausforderungen eines Industriezweiges gemeinsam zu lösen. Beispiele dafür sind etwa das Textilbündnis (siehe Praxisbeispiel unten) oder die Klimaschutzinitiative des Handelsverbands Deutschland.[28]
2. **Vernetzung innerhalb von Wertschöpfungsketten**: Bei der Vernetzung innerhalb von Wertschöpfungsstufen geht es vorrangig um eine bessere Zusammenarbeit zwischen allen an der Herstellung eines Produktes oder einer Dienstleistung beteiligen Akteuren – also etwa Rohstofflieferanten, Produzenten, Verpackungshersteller, Logistikunternehmen und dem Handel. Insbesondere große Markenartikelhersteller und Handelsunternehmen fokussieren sich immer stärker auf das Thema „Supply Chain" in ihren

[25] Sympatex (2019).
[26] Vgl. Bleed Clothing (2019).
[27] Vgl. ClimatePartner (2019a).
[28] Vgl. Adelphi Research (2019).

Nachhaltigkeitsanstrengungen.[29] Auch beim Thema Klimaschutz sind diese Konzepte beispielsweise durch den von einigen Unternehmen propagierten Paradigmenwandel vom traditionellen CO_2-Ausgleich (englisch „Offsetting“) hin zu einem CO_2-Ausgleich durch Projekte, die direkt in der Wertschöpfungskette ansetzen (englisch „Insetting“).[30]

3. **Themenspezifische Vernetzung**: Zudem lässt sich auch eine zunehmende, branchen*übergreifende* Vernetzung zu einzelnen Themengebieten feststellen. Ein Beispiel bildet etwa die *Alliance to End Plastic Waste*, die sich dem Kampf gegen Plastikabfälle und Mikroplastik in den Weltmeeren verschrieben hat.[31]

Beispiel

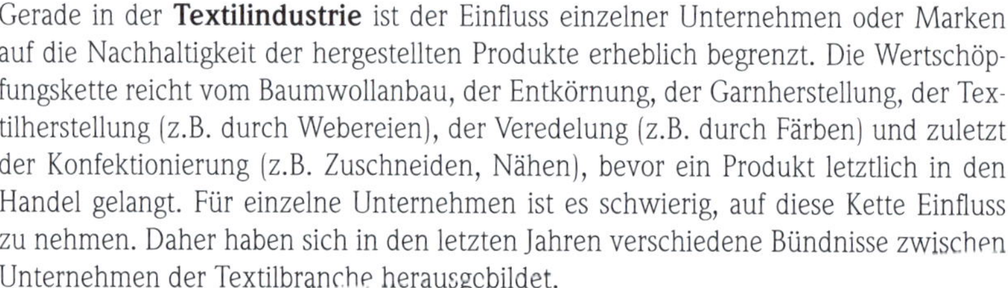

Gerade in der **Textilindustrie** ist der Einfluss einzelner Unternehmen oder Marken auf die Nachhaltigkeit der hergestellten Produkte erheblich begrenzt. Die Wertschöpfungskette reicht vom Baumwollanbau, der Entkörnung, der Garnherstellung, der Textilherstellung (z.B. durch Webereien), der Veredelung (z.B. durch Färben) und zuletzt der Konfektionierung (z.B. Zuschneiden, Nähen), bevor ein Produkt letztlich in den Handel gelangt. Für einzelne Unternehmen ist es schwierig, auf diese Kette Einfluss zu nehmen. Daher haben sich in den letzten Jahren verschiedene Bündnisse zwischen Unternehmen der Textilbranche herausgebildet.

Neben dem **Bündnis für nachhaltige Textilien**, bei dem eine breit angelegte Stakeholdergruppe von Markenartikelherstellern, Handelsunternehmen und Nichtregierungsorganisationen vertreten ist[32], gibt es auch aus der Industrie heraus konkrete Initiativen. Beispielsweise haben führende Unternehmen aus dem Bereich Objekttextilien und Textilpflege im Jahr 2014 den Verein **MaxTex e.V.** gegründet. Ziel des Vereins ist es, das Thema Nachhaltigkeit im Textilbereich auf eine neue Stufe zu heben. Besonders betont sind dabei die Aspekte Zusammenarbeit und Erfahrungsaustausch. Gleichzeitig wird Einfluss auf die Politik genommen, um durch eine entsprechende Regulierung bessere Rahmenbedingungen in der Textilbranche zu schaffen. In diesem Umfeld ist es auch kleineren Unternehmen möglich, einen wesentlichen Beitrag zu leisten.

Digitalisierung: Auch der Mega-Trend Digitalisierung beeinflusst den Umgang mit dem Thema Nachhaltigkeit. Dabei sind die Effekte der Digitalisierung vielfältig. Einerseits hilft die Digitalisierung dabei, Prozesse zu vereinfachen und zu automatisieren. Das betrifft beispielsweise die Erhebung und Auswertung von (nachhaltigkeitsrelevanten) Daten im Unternehmen. Eine zunehmend wichtige Rolle spielen auch hier die Themen Big Data und künstliche Intelligenz (engl. „Artificial Intelligence“, kurz AI), die es Unternehmen beispielsweise ermöglicht, Impact-Analysen für einzelne Nachhaltigkeitsentscheidungen auf der Basis vielfältiger Datenquellen durchzuführen. Doch auch die zunehmende Vernetzung unterschied-

[29] Siehe dazu etwa das Praxisbeispiel von ALDI Süd im Abschnitt 3.1.3.

[30] Vorreiter dieses Konzeptes sind Unternehmen wie L'Oréal oder Chanel, die sich im Rahmen einer Insetting-Initiative Erfahrungen austauschen und konkrete Ansatzpunkte entwickeln, vgl. International Insetting Platform (2019).

[31] Vgl. Alliance to End Plastic Waste (2019).

[32] Vgl. Bündnis für nachhaltige Textilien (2019).

licher Tools durch APIs[33] ermöglicht eine erhebliche Erleichterung des Arbeitsalltags. Neue Technologien – insbesondere der Blockchain Ansatz – bieten zudem völlig neue Möglichkeiten, um Transparenz auch über komplexe Wertschöpfungsstufen zu realisieren.

Beispiel

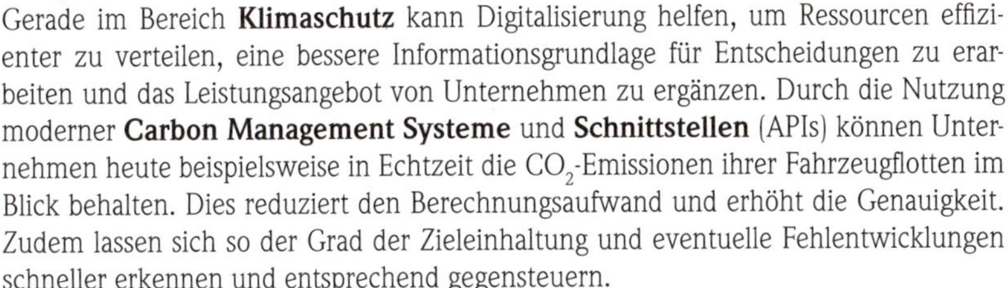

Gerade im Bereich **Klimaschutz** kann Digitalisierung helfen, um Ressourcen effizienter zu verteilen, eine bessere Informationsgrundlage für Entscheidungen zu erarbeiten und das Leistungsangebot von Unternehmen zu ergänzen. Durch die Nutzung moderner **Carbon Management Systeme** und **Schnittstellen** (APIs) können Unternehmen heute beispielsweise in Echtzeit die CO_2-Emissionen ihrer Fahrzeugflotten im Blick behalten. Dies reduziert den Berechnungsaufwand und erhöht die Genauigkeit. Zudem lassen sich so der Grad der Zieleinhaltung und eventuelle Fehlentwicklungen schneller erkennen und entsprechend gegensteuern.

Ein seit längerem bewährter Ansatz ist auch die Integration von **zusätzlichen Nachhaltigkeitsangeboten** in das Leistungsangebot von Unternehmen. Viele auftragsbezogen arbeitende Unternehmen – beispielsweise Verpackungshersteller oder Druckereien – bieten heute etwa einen optionalen CO_2-Ausgleich für ihre Kunden an. So können etwa die CO_2-Emissionen, die bei der Produktion einer Umverpackung entstehen, direkt von Auftraggeber kompensiert werden. Die Voraussetzung, um dies effizient anzubieten, ist eine vollständige Integration des Berechnungsmodell in die Auftragskalkulations- oder ERP-Systeme des anbietenden Unternehmens. Daher haben sich in den letzten Jahren spezialisierte Lösungsanbieter im Bereich Klimaschutz herausgebildet, die Unternehmen Komplettlösungen im Bereich **integrierter Klimaschutz** anbieten können.[34]

33 Die Abkürzung API steht für „Application Programming Interface" und bezeichnet eine Schnittstelle einer Software, mit der dessen Funktionen auch durch externe Anwender und Dienste nutzbar werden.

34 Vgl. etwa ClimatePartner (2019a).

3 Nachhaltigkeitsberichterstattung von Unternehmen

3.1 Treiber der Nachhaltigkeitsberichterstattung

3.1.1 Regulatorische Anforderungen und Entwicklungen

Lange gab es in Deutschland keine Pflicht zur Erstellung von Nachhaltigkeitsberichten. Die Erstellung eigenständiger Nachhaltigkeitsberichte erfolgt weiterhin grundsätzlich auf freiwilliger Basis, seit der Umsetzung der unter dem Begriff **CSR-Richtlinie** bekannten **EU-Richtlinie 2014/95/EU**[35] unterliegen bestimmte Unternehmen aber der Pflicht zur Veröffentlichung ausgewählter Nachhaltigkeitsinformationen. Das deutsche **CSR-Richtlinie-Umsetzungsgesetz**[36] trat am 19.04.2017 in Kraft und ist seit dem Geschäftsjahr 2017 für bestimmte Unternehmen verpflichtend anzuwenden. **Große Unternehmen** im Sinne des § 267 Abs. 3 HGB bzw. Konzerne, die nicht durch § 293 HGB von der Pflicht zur Erstellung eines Konzernabschlusses befreit sind, fallen unter die CSR-Berichtspflicht, sofern sie im Sinne des § 264d HGB **kapitalmarktorientiert** sind und im Jahresdurchschnitt **mehr als 500 Arbeitnehmer** beschäftigen. Große Personengesellschaften im Sinne des § 264a HGB, Genossenschaften, Kreditinstitute, Finanzdienstleister und Versicherungen mit mehr als 500 Mitarbeitern sind ebenfalls betroffen.

§ 289b HGB verpflichtet diese Unternehmen zur Erweiterung ihres Lageberichts um eine **nichtfinanzielle Erklärung**. Die Adressaten der nichtfinanziellen Erklärung entsprechen somit den **Adressaten** des Lageberichts, zu denen Investoren (Eigen- und Fremdkapitalgeber), Arbeitnehmer, Kunden und Lieferanten gehören. Sowie der bisherige Lagebericht Aufschluss über das Zustandekommen des Unternehmensergebnisses und die künftige Entwicklung geben soll, soll die nichtfinanzielle Erklärung den Einfluss anderer Werttreiber auf das finanzielle Ergebnis aufzeigen. [37]

§ 289c HGB beschreibt die Inhalte der nichtfinanziellen Erklärung und legt folgenden **Mindestumfang der nichtfinanziellen Erklärung gesetzlich** fest:

Anforderung	Beispiele
Kurze Beschreibung des Geschäftsmodells	./.
Umweltbelange	– Treibhausgasemissionen – Wasserverbrauch – Luftverschmutzung – Nutzung von erneuerbaren und nicht erneuerbaren Energien – Schutz der biologischen Vielfalt

[35] Vgl. EU (2014).
[36] Vgl. CSR-RUG (2017).
[37] Vgl. IDW (2017a).

Anforderung	Beispiele
Arbeitnehmerbelange	– Maßnahmen zur Gewährleistung der Geschlechtergleichstellung – Arbeitsbedingungen – Umsetzung der grundlegenden Übereinkommen der Internationalen Arbeitsorganisation – Achtung der Rechte der Arbeitnehmerinnen und Arbeitnehmer, informiert und konsultiert zu werden – sozialer Dialog – Achtung der Rechte der Gewerkschaften – Gesundheitsschutz – Sicherheit am Arbeitsplatz
Sozialbelange	– Dialog auf kommunaler oder regionaler Ebene – Maßnahmen zur Sicherstellung des Schutzes und der Entwicklung lokaler Gemeinschaften
Achtung der Menschenrechte	– Vermeidung von Menschenrechtsverletzungen
Bekämpfung von Korruption und Bestechung	– bestehende Instrumente zur Bekämpfung von Korruption und Bestechung

Tab. 3.1 Umfang der nichtfinanziellen Erklärung gem. § 289c HGB

Die gesetzliche Auflistung der Themen ist nicht als gesetzlich vorgegebene **Gliederung** aufzufassen. Die einzelnen Aspekte der Nachhaltigkeit können zusammengefasst oder in anderer **Reihenfolge** behandelt werden. Dies bietet sich beispielsweise an, wenn einheitliche Maßnahmen des Unternehmens, für die ein **einheitliches Konzept** besteht und die mit dem gleichen Managementansatz und -system gesteuert werden mehrere Nachhaltigkeitsaspekte betreffen.[38] So werden durch den Bezug von so genannten Grünstrom die beiden Umweltbelange Senkung der Treibhausgasemissionen und Nutzung von erneuerbaren Energien gefördert. **Klimaschutzmaßnahmen** zur Förderung der nachhaltigen Mobilität im Unternehmen senken nicht nur die Emissionen von Treibhausgasen und Luftschadstoffen, sondern können auch dem Gesundheitsschutz der Arbeitnehmer dienen: Geförderte Tickets für den öffentlichen Personennahverkehr können im Idealfall dazu führen, dass Arbeitnehmer sich anstelle des anstrengenden Autofahrens im Großstadtverkehr bei einer Lektüre in der Bahn entspannen können. Förderaktionen für Fahrräder und E-Bikes tun der Gesundheit der Arbeitnehmer als Ausdauersportart gute Dienste.

Die Unternehmen sollen für die einzelnen Belange ihre Konzepte, angestrebten Ziele und die zur Zielerreichung geplanten und ergriffenen Maßnahmen angeben. Gibt es für einzelne Themenbereiche kein Konzept, so ist dies nach dem **comply-or-explain Ansatz** zu begründen. Die **Due-Diligence-Prozesse** sind darzustellen, um aufzuzeigen, wie die Unternehmensleitung ihre Sorgfaltspflichten erfüllt, Risiken erkennt und managt.[39] Sofern für das Verständnis erforderlich, sind Hinweise und Erläuterung zu den Zahlen des Jahresabschlusses erforderlich.

In Ausnahmefällen ist gemäß § 289e HGB das **Weglassen nachteiliger Angaben** unter Umständen erlaubt, um erheblichen Schaden von der Kapitalgesellschaft abzuwenden.

[38] Vgl. IDW (2017a).
[39] Vgl. IDW (2017a).

Der am 02.12.2012 verabschiedete und am 01.01.2017 in Kraft getretene Deutsche Rechnungslegungsstandard Nr. 20 (**DRS 20**) konkretisiert die Anforderungen für die Nachhaltigkeitsberichterstattung im Konzernlagebericht und hat darüber hinaus Ausstrahlungswirkung auf alle Unternehmen. Aktuell wurde der DRS 20 an die Anforderungen des Gesetzes zur Stärkung der nichtfinanziellen Berichterstattung der Unternehmen in ihren Lage- und Konzernlageberichten (**CSR-Richtlinie-Umsetzungsgesetz – CSR-RUG**) angepasst und gilt in der Fassung vom 22.09.2017, die am 04.12.2017 durch das zuständige Bundesjustizministerium bekanntgegeben wurde.

Die Regelungen zur nichtfinanziellen Konzernerklärung befinden sich in den Tz. 232 bis 305 des DRS 20. Zunächst werden in den Tz. 232 bis 240 Geltungsbereich und Befreiungsmöglichkeiten erläutert. In Tz. 241 und 252 werden die **Berichtsalternativen** aufgezeigt:

- Integration in den (Konzern-)Lagebericht
- Besonderer Abschnitt innerhalb des (Konzern-)Lagebericht
- gesonderter nichtfinanzieller (Nachhaltigkeits-)Bericht
- eigenständiger nichtfinanzieller Bericht
- Integration in einen anderen Bericht (Nachhaltigkeitsbericht)
- Besonderer Abschnitt in einem anderen Bericht (Nachhaltigkeitsbericht)

Unabhängig davon, welche Berichtsalternative gewählt wird, sollten die Berichtsinhalte konsistent sein und nicht deutlich voneinander abweichen.[40]

Bei Erstellung eines **integrierten Berichts** empfiehlt Tz. 242 des DRS zur besseren Vergleichbarkeit eine Übersicht über die gemachten nichtfinanziellen Angaben.

Sofern die Angaben in einem **gesonderten Abschnitt** erfolgen, sollte gem. Tz. 243f des DRS 20 zur Vermeidung von Doppelangaben auf nichtfinanzielle Angaben an anderen Stellen im Lagebericht verwiesen werden. Verweise auf den Anhang hingegen sind unzulässig.

Einzelheiten zum **gesonderten nichtfinanziellem (Nachhaltigkeits-)Bericht** sind in den Tz. 246 bis 256 enthalten. Dieser gesonderte Bericht muss alle inhaltlichen Vorgaben der Tz. 257 bis 305 erfüllen und öffentlich zugänglich gemacht werden, das heißt gemäß Tz. 246 gemeinsam mit dem (Konzern-)Lagebericht offengelegt oder spätestens vier Monate nach dem Abschlussstichtag für mindestens zehn Jahre auf der Internetseite veröffentlicht werden. Verweise im Lagebericht auf nichtfinanzielle Angaben im gesonderten nichtfinanziellen Bericht sind gemäß Tz. 256 zulässig, Verweise auf Anhangangaben hingegen nicht.

Die Inhalte der nichtfinanziellen Konzernerklärung werden in den Tz. 257 bis 295 erläutert und entsprechen einschließlich der aufgeführten Beispiele den gesetzlichen Anforderungen des § 289c HGB.[41] Gemäß Tz. 261 bis 263 ist zu allen berichtspflichtigen Aspekten zu berichten. Gemäß Tz. 265 bis 274 ist über die verfolgten Konzepte, angewandten Due-Diligence-Prozesse sowie der Einbindung der Unternehmensleitung und etwaiger weiterer Interessensträger (z.B. Arbeitnehmer) zu berichten. Dabei sind bei Wesentlichkeit sowohl

40 Vgl. IDW (2017a).
41 Vgl. obige Tabelle im gleichen Abschnitt.

die **Lieferkette** als auch die **Kette der Subunternehmer** einzubeziehen. Nach Auffassung des IDW können sich Unternehmen bei der Berichterstattung über die Lieferkette an den Vorgaben der üblichen Rahmenwerke orientieren.[42]

Gemäß Tz. 275f ist über die **Ergebnisse** zu berichten, dazu gehören Ausmaß der Zielerreichung, Stand der Maßnahmenrealisierung sowie fehlende Ergebnisse.

Die Darstellung der **Risiken** wird in den Tz. 277 bis 283 erläutert. So sind die wesentlichen Risiken, die mit der eigenen Geschäftstätigkeit verknüpft sind, darzustellen, sofern ihr Eintritt sehr wahrscheinlich ist und schwerwiegende negative Auswirkungen zu erwarten sind. Dies gilt auch für Risiken die mit den Geschäftsbeziehungen, Produkten und Dienstleistungen des Unternehmens verknüpft sind, sofern sie bedeutsam sind und die Berichterstattung verhältnismäßig ist. Die Berichtspflicht erstreckt sich im Wesentlichen insbesondere über die Lieferkette und die Kette der Subunternehmer.

In Tz. 284 bis 286 wird festgelegt, dass die relevanten nichtfinanziellen Leistungsindikatoren anzugeben sind. Es werden folgende Beispiele genannt:

Aspekt	Beispiele
Umweltbelange	– Wasserverbrauch pro Jahr – Tonnen CO_2-Ausstoß pro Jahr – Energieeffizienz der eigenen Produkte
Arbeitnehmerbelange	– Personalfluktuation – Mitarbeiterzufriedenheit – Anzahl der Arbeitsunfälle
Sozialbelange	– Spenden an gemeinnützige Organisationen – Anzahl der den Mitarbeitern gewährten Sonderurlaubstage für gemeinnützige Tätigkeiten
Achtung der Menschenrechte	– Anteil der im Hinblick auf Menschenrechte zertifizierten Lieferanten bzw. Subunternehmer – Anzahl der Fälle von Kinderarbeit bei überprüften Lieferanten
Bekämpfung von Korruption und Bestechung	– Anteil der Mitarbeiter, die ein Compliance-Training absolviert haben – Anzahl bestätigter Korruptionsfälle im Geschäftsjahr

Tab. 3.2 Beispiele nichtfinanzieller Leistungsindikatoren gemäß DRS 20 Tz. 286

Tz. 287 bis 289 weisen darauf hin, dass in der nichtfinanziellen Erklärung gegebenenfalls Hinweise auf Beträge bzw. Angaben im Jahresabschluss zu geben sind, wie beispielsweise Hinweise auf die Anhangangaben zu Rückstellungen.

Zumindest in den Anfangsjahren der nichtfinanziellen Berichterstattung wird immer wieder der Fall auftreten, dass Unternehmen zu einzelnen Aspekten der Nachhaltigkeit kein Konzept haben. In diesen Fällen ist dies gemäß Tz. 290 bis 295 die Gründe für die **fehlenden Konzepte** zu erläutern, wobei das Argument der Unwesentlichkeit für das Unternehmen eine zulässige Begründung ist. Sind die Aspekte für das Unternehmen nicht relevant, so kann auf die Angaben verzichtet werden. Sind die Angaben hingegen erforderlich, kann

42 Vgl. IDW (2017a) und Abschnitt 3.2.1.

auf die Darstellung des Konzepts, Due-Diligence-Prozesse und Ergebnisse gegebenenfalls verzichtet werden. Wenn die Angaben nicht erforderlich sind, kann auf die Darstellung der Risiken und bedeutsamsten nichtfinanziellen Leistungsindikatoren sowie auf die Hinweise zu den Beträgen verzichtet werden. Unwesentliche Risiken sind nicht berichtspflichtig.

Die Tz. 296 bis 305 enthalten Hinweise zur Nutzung von **Rahmenwerken**. Auch bei Nutzung eines Rahmenwerks sind alle Anforderungen des DRS 20 zu erfüllen. Darüber hinaus sind zwingend Angaben zum teilweisen oder vollständig verwendeten Rahmenwerk zu machen bzw. die fehlende Nutzung eines Rahmenwerkes zu begründen.[43]

Durch das Gesetz für die gleichberechtigte Teilhabe von Frauen und Männern in der Privatwirtschaft und im öffentlichen Dienst (FührposGleichberG) sollte der **Frauenanteil in Führungspositionen** ab 2016 deutlich erhöht werden. Erreicht werden sollte dies durch diverse Vorschriften zur Festlegung von Zielgrößen und Berichtspflichten. Börsennotierte Aktiengesellschaften, börsennotierte Societas Europeas oder börsennotierte Kommanditgesellschaften auf Aktien müssen gemäß § 289f HGB ihren Lagebericht um einen gesonderten Abschnitt mit einer **Erklärung zur Unternehmensführung** ergänzen. Mit der Aufnahme dieses Nachhaltigkeitsthemas wird auch der Bedeutung des Themas Rechnung getragen, das Teil der **Corporate Governance** werden soll.

Alternativ zur Erklärung zur Unternehmensführung kann die Erklärung auf der Internetseite des Unternehmens erfolgen, wenn der Lagebericht einen eindeutigen Verweis enthält. Die Erklärung zur Unternehmensführung umfasst neben – hier nicht erläuterten – Angaben zur Corporate Governance Angaben zum **Frauenanteil in Führungsebenen** sowie Angaben zum **Diversitätskonzept**.

Gemäß § 289f Abs. 2 Nr. 4 und 5, Abs. 4 HGB sind **Angaben zur Frauenquote** im Aufsichtsrat, Vorstand und den beiden Führungsebenen unterhalb des Vorstands aufzunehmen. § 289f Abs. 2 Nr. 4 HGB schreibt vor, dass die Erklärung zur Unternehmensführung die Festlegungen gem. § 76 Abs. 4 AktG und § 111 Abs. 5 AktG einschließlich Angaben zur Zielerreichung bzw. Gründe für die Nichterreichung der Ziele enthält.

§ 76 Abs. 4 AktG bestimmt, dass der Vorstand börsennotierter oder mitbestimmter Gesellschaften Zielgrößen für den Frauenanteil in den **beiden Führungsebenen unterhalb des Vorstands** festlegt, die innerhalb von fünf Jahren erreicht werden soll. Die angestrebte Zielgröße darf den bisher erreichten Frauenanteil nur unterschreiten, wenn der Frauenanteil bereits mindestens 30 Prozent beträgt.

§ 111 Abs. 5 AktG verpflichtet den Aufsichtsrat, Zielgrößen für den **Frauenanteil** börsennotierter oder mitbestimmter Gesellschaften **in Vorstand und Aufsichtsrat** festzulegen, die ebenfalls innerhalb von fünf Jahren erreicht werden sollen und tatsächliche Frauenanteile von unter 30 Prozent nicht unterschreiten dürfen.

[43] Vgl. Abschnitt 2.2.1 zu den gängigen Rahmenwerken.

§ 289f Abs. 2 Nr. 5 HGB enthält die Verpflichtung Angaben zur Einhaltung von Mindestanteilen von Männern und Frauen bei der Besetzung des Aufsichtsrats börsennotierter Gesellschaften zu machen.

Bei **GmbHs**, die der Mitbestimmung unterliegen, legen die Geschäftsführer gemäß § 289f Abs. 4 HGB in Verbindung mit § 36 GmbHG Zielgrößen für den Frauenanteil in den beiden Führungsebenen unterhalb der Geschäftsführung für die nächsten fünf Jahre fest, die ebenfalls der 30 %-Regel unterliegen. Wird der Aufsichtsrat nach dem Drittelbeteiligungsgesetz bestellt, so legt die Gesellschafterversammlung gemäß § 52 Abs. 2 GmbHG Zielgrößen für den Frauenanteil in Aufsichtsrat und Geschäftsführung nach analogen Regeln fest. Somit müssen nichtbörsennotierte Kapitalgesellschaften für die Mitbestimmung eine so genannte partielle Unternehmenserklärung[44] abgeben, die nur Angaben gemäß § 289 f Abs. 2 Nr. 4 HGB enthält.

Große, börsennotierte Kapitalgesellschaften, die tatsächlich die Größenkriterien des § 267 Abs. 3 HGB überschreiten[45], müssen gemäß § 289f Abs. 4 HGB in der Erklärung zur Unternehmensführung ihr Diversitätskonzept bezüglich Alter, Geschlecht, Bildungs- und Berufshintergrund einschließlich der Ziele, Art und Weise der Umsetzung und Ergebnisse beschreiben.

Ein weiteres Gesetz zur Förderung der Gleichstellung von Männern und Frauen stellt das Gesetz zur Förderung der Transparenz von Entgeltstrukturen (**Entgelttransparenzgesetz**) vom 30.06.2017 dar. Es enthält ein an alle Arbeitgeber der Privatwirtschaft und des Bundes gerichtetes ausdrückliches **Gebot zur Entgeltgleichheit** für Männer und Frauen bei gleicher und gleichwertiger Arbeit.[46]

Erreicht werden soll die Entgeltgleichheit durch drei Maßnahmen:

1. Betriebe mit mehr als 200 Beschäftigten: Individueller **Auskunftsanspruch** für Beschäftigte
2. Betriebe mit mehr als 500 Beschäftigten: Aufforderung zur **Überprüfung der Entgeltstrukturen**
3. Lageberichtspflichtige Betriebe mit mehr als 500 Beschäftigten: **Berichtspflicht** zum Stand der Gleichstellung und Entgeltlichkeit

Gegenstand des **Auskunftsanspruchs** sind Kriterien und Verfahren der Entgeltfindung für ihre Tätigkeit und eine gleiche oder gleichwertige Tätigkeit sowie Informationen über Vergleichsentgelte. Neben dem durchschnittlichen Bruttoentgelt können bis zu zwei Entgeltbestandteile erfragt werden. Offengelegt wird der Median des Entgelts von mindestens sechs Beschäftigten des jeweils anderen Geschlechts in gleicher oder vergleichbarer Tätigkeit. Der Anspruch besteht alle zwei Jahre und bei Veränderungen der Tätigkeit. Das Kriterium der

44 Vgl. IDW (2019), Tz. J 131.
45 Vgl. IDW (2019), Tz. J 133.
46 Für Beamtinnen und Beamte der Länder und Kommunen gilt es nicht, vgl. §§ 6 Abs. 2 und 24 Entgelttransparenz.

Vergleichbarkeit wird weit ausgelegt.[47] Pflichtverletzungen seitens der Arbeitgeber werden mit einer Beweislastumkehr geahndet.

Betriebliche Verfahren zur Überprüfung und Herstellung von Entgeltgleichheit sollen sicherstellen, dass die angewendeten Arbeitsbewertungsverfahren geschlechtsneutral sind und das jeweiligen Entgeltregelungen mit ihren verschiedenen Entgeltbestandteilen das Entgeltgleichheitsgebot einhalten. Eventuelle Benachteiligungspotenziale sowie tatsächlich vorhandene Entgeltbenachteiligungen sollen aufgedeckt werden. Das Bundesfamilienministerium stellt allen Unternehmen mit dem „Monitor Entgelttransparenz" ein Online Portal mit einem Instrumentarium, das die betrieblichen Entgeltunterschiede zwischen männlichen und weiblichen Arbeitnehmern analysieren und Daten zur Erfüllung der Berichtspflicht aufbereiten kann, auf freiwilliger Basis kostenlos zur Verfügung steht.[48]

Der **Bericht zur Gleichstellung und Entgeltgleichheit** erläutert die Maßnahmen zur Förderung der Gleichstellung von Frauen und Männern und deren Wirkungen und zeigt die Bemühungen um die Herstellung der Entgeltgleichheit für Frauen und Männer auf. Nicht ergriffene Maßnahmen sind zu begründen. Dem Lagebericht ist alle drei Jahre eine nach Geschlechtern getrennte Aufstellung der durchschnittlichen Gesamtzahl der Beschäftigten und durchschnittlichen Zahl der Vollzeit- und Teilzeitbeschäftigten beizufügen. Bei Tarifbindung oder -anwendung sind die Angaben alle fünf Jahre zu machen. Der erste Bericht musste im Jahr 2018 erstellt und dem im Jahr 2018 offengelegten Lagebericht beigefügt werden, dies war in der Regel der Jahresabschluss 2017. Bei früher Offenlegung durfte auf Vorjahreswerte zurückgegriffen werden. [49]

Verstöße gegen die Berichtspflicht werden gemäß §§ 331, 334 HGB in Verbindung mit § 289 ff. HGB bzw. § 30 OWiG sanktioniert. Extrem schwerwiegende Verstöße können zu Freiheitsstrafen von bis zu drei Jahren oder Geldbußen von 10 Millionen Euro führen.[50]

3.1.2 Anforderungen der Kapitalmärkte

Die Finanzmärkte stellen einen weiteren wichtigen Treiber für die Nachhaltigkeitsberichterstattung von Unternehmen dar. Nach Meinung einiger Experten hat sich das Thema Nachhaltigkeit sogar zum „größten Trend der Finanzgeschichte der letzten Jahrzehnte" entwickelt.[51]

Eine wichtige Rolle dabei spielen institutionelle Investoren, die das Ziel verfolgen, die Geschäftsmodelle ihrer Portfolios auf Nachhaltigkeitskriterien und -risiken hin zu bewerten. Zwei wichtige Initiativen – **CDP** und **TFCD** – sind ursprünglich aus dieser Motivation heraus gegründet worden:

[47] Vgl. Völker-Lehmkuhl (2018).
[48] Vgl. BMFSFJ (2019).
[49] Vgl. Völker-Lehmkuhl (2018).
[50] Vgl. hierzu ausführlich IDW (2017a).
[51] Vgl. Georg Kell, zitiert in Börsen-Zeitung (2019).

CDP: CDP (ehemals „Carbon Disclure Project") ist eine Non-Profit Organisation, die sich das Ziel gesetzt hat, die einheitliche Berichterstattung von Unternehmenskennzahlen und Aktivitäten im Bereich Nachhaltigkeit zu befördern. Aktuell unterstützen mehr als 500 institutionelle Investoren die CDP Initiative als sog. „**Signatory Investors**", die zusammen genommen ein Vermögen von mehr als 96 Billionen US-Dollar verwalten.[52] Ursprünglich ist das CDP als reine Initiative zur Förderung einer einheitlichen Berichterstattung im Bereich CO_2 gestartet, jedoch wurde der Fokus in den letzten Jahren um die Dimensionen Wasser und Wald erweitert. Für jeden Bereich steht ein eigener Fragebogen zur Verfügung, der zudem noch sektorspezifisch angepasst ist. 2018 haben mehr als 7.000 Unternehmen an das CDP berichtet, davon mehr als zwei Drittel ausschließlich im Handlungsfeld Klimawandel. Seit 2011 hat sich die Zahl der berichtenden Unternehmen annähernd verdoppelt[53] (siehe **Abb. 3.1**). Jedes berichtende Unternehmen wird vom CDP nach einer einheitlichen Methodik bewertet und daraus ein „Score" ermittelt (von „A" bis „D"). Um eine gute Bewertung zu erhalten müssen Unternehmen viele unterschiedliche Kriterien erfüllen; die Bewertung gilt als streng. So erhielten 2018 nur 139 von knapp 7.000 teilnehmenden Unternehmen im Handlungsfeld Klimawandel ein „A", darunter lediglich sieben deutsche Unternehmen (siehe **Abb. 3.2**).[54]

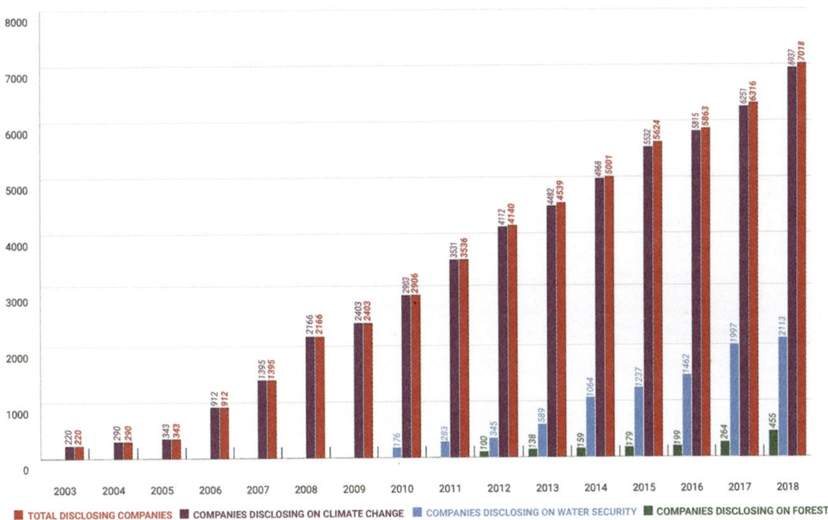

Abb. 3.1 CDP: Entwicklung der Anzahl berichtender Unternehmen (2003–2018).[55]

52 Vgl. CDP (2019a).
53 Vgl. CDP (2019b).
54 Vgl. CDP (2019b).
55 Quelle: CDP (2019b).

	Unternehmen	Version Fragebogen	CDP-Score Bereich „Climate Change“
1	Siemens AG	Allgemein	A
2	thyssenkrupp AG	Allgemein	A
3	BASF SE	Chemie	A
4	Bayer AG	Allgemein	A
5	INDUS Holding AG	Allgemein	A
6	Deutsche Bahn AG	Transport	A
7	Deutsche Telekom AG	Allgemein	A

Abb. 3.2 Auszug CDP Bewertungen 2018 für Deutschland, Handlungsfeld Klimawandel, Bewertung „A“[56]

TFCD: Die „**Task Force on Climate-related Financial Disclosures**“ (TCFD) des Finanzstabilitätsrats der G20 wurde mit der Aufgabe ins Leben gerufen, die finanziellen Auswirkungen des Klimawandels auf die Geschäftsmodelle von Unternehmen darzustellen und zu quantifizieren. Ziel ist es, Klimarisiken bei der Formulierung von Geschäftsstrategien zu berücksichtigen[57]. Dabei wird zwischen physischen Risiken – etwa extreme Wetterereignisse – und Haftungsrisiken für Unternehmen unterschieden.[58] Das wesentliche Ergebnis der Arbeit der Task Force sind elf konkrete Empfehlungen, mit der Unternehmen ihre Widerstandsfähigkeit gegen den Klimawandel („Klimaresilienz“) in den Bereichen Governance, Strategie, Risikomanagement sowie Kennzahlen und Ziele erhöhen sollen (siehe PwC 2018b).

RobecoSAM Corporate Sustainability Assessment: RobecoSAM ist eine Schweizer Investmentgesellschaft, die 1995 gegründet wurde. Ihr Schwerpunkt liegt auf dem Themenkomplex „Sustainable Investing“. Als Teil ihres Leistungsportfolios bietet RobecoSAM ein „Corporate Sustainability Assessment“ (CSA) an, das Unternehmen dabei helfen soll, relevante Nachhaltigkeitsthemen zu identifizieren, zu priorisieren und deren Stellenwert für die Unternehmensbewertung besser zu verstehen:

> *„The Corporate Sustainability Assessment (CSA) helps companies to understand which sustainability factors are important from an investor's perspective, and which in turn, are most likely to have an impact on the company's financial performance. Thus, the CSA serves as a sustainability roadmap helping participating companies to prioritize corporate sustainability initiatives that are most likely to enhance the company's competitiveness. “*[59]

[56] Quelle: CDP (2019b).
[57] Vgl. PwC (2018).
[58] Vgl. Global Compact (2017).
[59] Vgl. RobecoSAM (2019).

EU Action Plan Sustainable Finance: Auch auf EU-Ebene wurde in den vergangenen Jahren die Notwendigkeit erkannt, von Investorenseite stärker auf Unternehmen und deren Nachhaltigkeitspolitik einzuwirken. In diesem Zusammenhang wurde von der EU Kommission im Oktober 2018 ein „Action Plan on Sustainable Finance" verabschiedet. Mit dem Aktionsplan werden drei Ziele verfolgt:[60]

1. Kapitalflüsse gezielt in Richtung nachhaltiger Investments kanalisieren
2. Ein besseres Management finanzieller Risiken, die aufgrund des Klimawandels und anderer Nachhaltigkeitsthemen entstehen können, zu erreichen
3. Transparenz und Langfristigkeit im Finanzsektor zu stärken

Insgesamt ist durch diese Initiativen ein erheblicher Einfluss des Finanzsektors auf die Nachhaltigkeitspolitik von Unternehmen spürbar. Auch für die finanzielle Bewertung von Unternehmen rückt das Thema Nachhaltigkeit und insbesondere die Klimaresilienz immer weiter in den Fokus.

Auch auf den Finanzplätzen selbst zeigt sich mittlerweile deutlich, dass das Thema Nachhaltigkeit kein Nischenthema mehr ist, sondern für die Bewertung von Unternehmen immer stärker in den Vordergrund rückt. So hat sich beispielsweise am Finanzplatz Frankfurt mit der **Frankfurter Erklärung** ein „Freiwilliges Bekenntnis zur Umsetzung einer gemeinsamen Nachhaltigkeitsinitiative am Finanzplatz Frankfurt am Main" formuliert, das von mehr als 50 Unternehmen – darunter zahlreiche Banken und internationale börsennotierte Unternehmen – unterschrieben wurde. Ziel der Initiative ist es, eine Dialogplattform zur schaffen, um unter anderem die „Rahmenbedingungen einer nachhaltigen Finanzwirtschaft" zu definieren und das Potenzial der Finanzmärkte zur Förderung der UN Sustainable Development Goals und weiterer Nachhaltigkeitsziele zu mobilisieren.[61] Auf ähnlichen Grundsätzen basiert auch das „Green and Sustainable Finance Cluster Germany" – eine weitere Nachhaltigkeitsinitiative am Finanzplatz Deutschland, die sich im April 2018 aus der Accelerating Sustainable Finance-Initiative der Deutschen Börse und dem Green Finance Cluster des Hessischen Wirtschaftsministerium zusammengeschlossen hat.[62]

3.1.3 Markt- und wettbewerbsgetriebene Entwicklungen

Ein weiterer wichtiger Einflussfaktor auf die Nachhaltigkeitsstrategie von Unternehmen sind Entwicklungen des Markt- und Wettbewerbsumfeldes. Diese Faktoren werden generell als **„Pull-Faktoren"** bezeichnet. Im Allgemeinen kann hier zwischen vier Treibern unterschieden werden:[63]

Wettbewerbsumfeld: Eine wichtiger Einflussfaktor sind allgemeine Trends und Entwicklungen, die sich innerhalb einzelner Branchen aufgrund von **Brancheninitiativen** und **Wettbewerbsaktivitäten** herausbilden. So ist in vielen Branchen ein Zyklus zu beobachten, bei dem einzelne Unternehmen im Bereich Nachhaltigkeit eine Vorreiter- oder Pionier-

[60] Vgl. EU Kommission (2018).
[61] Vgl. Deutsche Börse (2018a).
[62] Vgl. Deutsche Börse (2018b).
[63] Vgl. etwa Schaltegger et. al. (2010), S. 34. Nichtregierungsorganisationen sind hier unter Medien und Öffentlichkeit mit aufgeführt.

rolle übernehmen und damit andere Unternehmen inspirieren oder auch regelrecht unter Druck setzen (siehe Beispiel „klimaneutral Drucken"). Interessant dabei ist, dass sich der „Reifegrad" von Nachhaltigkeitsaspekten zwischen verschiedenen Branchen teilweise stark unterscheidet. Im Bereich Klimaschutz haben sich beispielsweise die Druck- und Papierindustrie[64] sowie die Reise- und Tourismusbranche[65] bereits vor vielen Jahren intensiv mit brancheneigenen Berechnungsstandards und Lösungen auseinandergesetzt, während andere Branchen keine eigenen Standards und Vorgehensweisen definiert haben.

Beispiel

Die Dynamik von Nachhaltigkeitsentwicklungen in einzelnen Branchen lässt sich sehr gut am **Beispiel des deutschen Druckmarktes** darstellen. Vor mehr als 10 Jahren haben dort auf Initiative von Beratungsunternehmen wie ClimatePartner einzelne Unternehmen begonnen, sich mit dem Thema Klimaschutz im Wertschöpfungsprozess auseinanderzusetzen. Im Jahr 2006 haben erste Druckereien begonnen, daraus – neben der Umsetzung eigener Klimaschutzmaßnahmen – mit dem Thema **„klimaneutral Drucken"** ein ergänzendes Dienstleistungsangebot für ihre Kunden zu entwickeln: Die Druckerei berechnet dafür die für einen Druckauftrag entstehenden Treibhausgasemissionen und gibt ihren Kunden die Möglichkeit, diese gegen Übernahme der Mehrkosten durch zertifizierte Klimaschutzprojekte auszugleichen. Die Kunden erhalten als Mehrwert ein Label „klimaneutral gedruckt", mit dem die Druckprodukte gekennzeichnet werden können. Da strategisch wichtige Nachfrager von Druckprodukten (sog. „Print Buyer") diesen Service fortan auch bei Ausschreibungen gefordert haben, hat sich Zahl der Druckereien in kurzer Zeit rapide gesteigert. Heute bieten in Europa allein in Zusammenarbeit mit ClimatePartner bereits **knapp 900 Druckereien** den Service klimaneutral Drucken an.[66]

Konsumtrends: Verschiedene Studien zeigen klar, dass das Bewusstsein der Verbraucherinnen und Verbraucher für **nachhaltigen Konsum** in den letzten Jahren erheblich gestiegen ist. Beispielsweise hat eine von PwC in Auftrag gegebene repräsentative Studie aus dem Jahr 2015 zum Thema „Klimaschutz und Konsumverhalten" in eindeutiger Weise aufgezeigt, dass Konsumenten nachhaltig wirtschaftende Unternehmen klar bevorzugen und die große Mehrheit auch bereit ist, für z.B. klimafreundlich hergestellte Produkte einen höheren Preis zu entrichten[67]. Des Weiteren haben **Megatrends** wie **Bio-Produkte** und **vegane Ernährung** in ihrem Umfang viele Handelsunternehmen überrascht. Die Nachfrage nach Bio-Produkten in Deutschland etwa ist nach Daten des GfK-Haushaltspanels zwischen 2016 und 2017 auf mehr als sechs Prozent gewachsen und hat sich seit 2004 mehr als verdreifacht. Zwar haben Bio-Produkte damit nur einen Gesamtanteil von etwa 5 Prozent, allerdings ist dieses Segment stark wachsend[68]. Diese **veränderten Verbrauchererwartungen** sind

[64] Vgl. Confederation of European Paper Industries (2007).
[65] Vgl. Verband Deutsches Reisemanagement e.v. (2011).
[66] Vgl. ClimatePartner (2019b).
[67] Vgl. PwC (2015).
[68] Vgl. NIM (2018).

eine erhebliche Triebfeder für die Nachhaltigkeitspolitik von Unternehmen. Praktisch alle großen Lebensmitteleinzelhändler in Deutschland haben in den letzten Jahren Nachhaltigkeits- und Klimaschutzstrategien erarbeitet und veröffentlicht und setzen diese mit teilweise hohem Engagement in die Praxis um.

Medien und Öffentlichkeit: Die Berichterstattung in den Medien über relevante Nachhaltigkeitsthemen sowie die Wahrnehmungen der Öffentlichkeit haben ebenfalls einen wichtigen Einfluss auf die Priorisierung von Nachhaltigkeitsthemen in Unternehmen. Jedoch reicht die rein **mediale Präsenz** eines Themas meist noch **nicht aus**, damit dies von Unternehmen auch entsprechend hoch priorisiert wird. Beispielsweise genießt das Thema Klimaschutz bereits seit Ende der 1980er-Jahre eine relativ hohe mediale Aufmerksamkeit[69], gewinnt aber erst seit dem jüngsten Klimaberichten des IPCC und der Berichterstattung über die „*Fridays for Future*"-Bewegung an einer Dynamik, die alle Gesellschaftsbereiche zu umfassen scheint. Ähnlich stellt es sich mit dem Thema **Plastikmüll** in den Ozeanen dar, das lange Zeit kaum beachtet wurde, im Jahr 2018 jedoch sehr schnell zu einem der dominierenden Nachhaltigkeitsthemen überhaupt wurde. Mehr als 30 multinationale Unternehmen haben sich seitdem der **Alliance to End Plastic Waste** zusammengeschlossen und sich verpflichtet, innerhalb von fünf Jahren mehr als eine Milliarde US Dollar für den Kampf gegen Plastikmüll in den Meeren zu investieren.[70] Neben der Präsenz eines Themas in den Medien muss sich also um einen Themenbereich eine gewisse Virulenz entfalten, die – sobald eingetreten – wie ein Katalysator für einzelne Nachhaltigkeitsthemen wirkt.

Indirekte Effekte durch Gesetzgebung: Der Einfluss gesetzgeberischer Aktivitäten auf die Nachhaltigkeitspolitik von Unternehmen ist zunächst durch die hoheitliche Funktion per Definition gegeben (siehe 3.1.1). In der Praxis sind es jedoch nicht nur verbindliche Normen und Gesetze, die einen Einfluss auf Unternehmen haben. Vielmehr werden gesetzgeberische Aktivitäten von Unternehmen häufig bereits antizipiert und entsprechende Maßnahmen eingeleitet, um auf eine (mögliche) künftige Gesetzesänderung vorbereitet zu sein. Viele Unternehmen weltweit beschäftigen sich aktuell beispielsweise mit der **Einpreisung von CO_2-Emissionen** in ihren Bilanzen und Risikokalkulationen in der Antizipation einer möglichen CO_2-Steuer oder anderen gesetzgeberischen Aktivitäten, die aufgrund des Pariser Abkommens in Zukunft wahrscheinlich werden. Auch lassen sich deutliche **spill-over-Effekte** im dem Sinne beobachten, dass Gesetze und Normen nicht nur von den Unternehmen eingehalten werden, die dazu verpflichtet sind, sondern freiwillig von einem wesentlich größeren Kreis an Unternehmen befolgt werden. Am deutlichsten trat dies bei der Einführung der CSR-Berichtspflicht in Deutschland durch das CSR-RUG (siehe 3.1.1) zu tage. Nach dem CSR-RUG sind in Deutschland nur „große Unternehmen von öffentlichem Interesse" zur CSR-Berichterstattung verpflichtet (in Deutschland sind dies nur knapp 500 Unternehmen – zur genauen Definition siehe CSR-RUG 2017, Art. 1, Abs. 1-3). Dennoch hat die Richtlinie für einen wesentlich größeren Kreis von Unternehmen den Anstoß gegeben, eigene Nachhaltigkeitsstrategien zu entwickeln und über die entsprechenden Kennzahlen in ihrer Nachhaltigkeitsberichterstattung aufzunehmen.

69 Vgl. etwa Brüggemann (2016), S. 6.
70 Vgl. Alliance to End Plastic Waste (2019).

Beispiel

Ein Beispiel für die Sogwirkung und die Netzwerkeffekte, die sich im Bereich der Nachhaltigkeit entfalten können, bildet der **Lebensmitteleinzelhandel**. Unternehmen wie WalMart, Tesco oder Rewe beschäftigen sich bereits seit vielen Jahren mit dem Thema Klimaschutz und erstellen eigene Klimabilanzen. Vorrangiges Ziel bisher war die Reduktion von Treibhausgasemissionen im Kerngeschäft, insbesondere durch die Umstellung auf Strom aus erneuerbaren Energiequellen und die Umsetzung von Energieeffizienzprogrammen in den Filialen. Die Effekte dieser Maßnahmen haben sich in zentralen Nachhaltigkeits-KPIs wie dem **CO_2-Ausstoß je Quadratmeter Verkaufsfläche** auch sichtbar niedergeschlagen (Beispiel REWE: Reduktion um 36 Prozent zwischen 2006 und 2014).[71]

Neuen Aufwind hat das Thema Klimaschutz in Deutschland jedoch insbesondere durch die Veröffentlichung einer umfassenden Klimaschutzstrategie durch **ALDI Süd** bekommen. Das Konzept nimmt neben eigenen Reduktionsmaßnahmen insbesondere auch Zulieferer und weitere Geschäftspartner mit in die Pflicht, wie das Unternehmen in seiner Klimapolitik klar darlegt:

> *„Von unseren Geschäftspartnern erwarten wir, dass sie ebenfalls zusammen mit ihren vorgelagerten Lieferkettenstufen einen Beitrag zur Begrenzung des globalen Temperaturanstiegs deutlich unter zwei Grad Celsius, möglichst 1,5 Grad Celsius, leisten. Wir erfassen, welche unserer strategischen Lieferanten Klimaziele definiert haben und eine eigene Carbon-Footprint-Erhebung durchführen. Diesen Prozess beginnen wir mit den Geschäftspartnern, die den größten Anteil unserer indirekten Scope-3-Emissionen verursachen."*[72]

Es ist davon auszugehen, dass bereits diese Ankündigung in der Lieferkette des Lebensmitteleinzelhandels einen deutlichen Impuls auslöst und die Relevanz des Themas Klimaschutz für Zulieferer sprunghaft ansteigt.

3.2 Formen des Nachhaltigkeitsberichtes

3.2.1 Standards zur Nachhaltigkeitsberichterstattung

Der Gesetzgeber hat kein bestimmtes Rahmenwerk bzw. spezielle Standards für die Nachhaltigkeitsberichterstattung vorgeschrieben. Es wird aber empfohlen, der Berichterstattung ein anerkanntes Rahmenwerk zugrunde zu legen.[73] Das verwendete Rahmenwerk ist gem. § 289d HGB zu nennen. Wird auf die Verwendung eines Rahmenwerks verzichtet, so ist dies gemäß § 289d HGB nach dem **Apply-and-explain-Ansatz** anzugeben und zu erläutern.

71 Vgl. REWE (2014), S. 1.
72 ALDI Süd (2019), S. 8.
73 Vgl. IDW (2017a).

Für Unternehmen und Wirtschaftsprüfer in Deutschland hat das IDW im Sommer 2017 ein Positionspapier zu den Pflichten und möglichen Zweifelsfragen zur nichtfinanziellen Erklärung bzw. der Nachhaltigkeitsberichterstattung herausgegeben.[74] Das IDW weist in diesem Positionspapier darauf hin, dass diese in der Entscheidung frei sind, welches nationale, europäische oder internationale Rahmenwerk sie nutzen. Die beiden geläufigsten Rahmenwerke sind die global angewandten **GRI-Standards** der **Global Reporting Initiative** sowie der 2011 erstmals veröffentlichte und mehrfach überarbeitete **Deutsche Nachhaltigkeitskodex** des Rats für Nachhaltige Entwicklung, der 2001 durch die Bundesregierung gegründet wurde. Die **Leitlinien für die Berichterstattung über nichtfinanzielle Informationen der EU-Kommission**[75] stellen keinen eigenständigen Standard dar, sondern geben den Anwendern Hilfestellungen bei der Erstellung der nichtfinanziellen Information.

Das **Greenhouse Gas Protocol (GHG Protocol)** ist der weltweit verbreitetste Standard zur Erstellung von Treibhausgasbilanzen, erfasst aber nicht die übrigen Aspekte der Nachhaltigkeit. Ebenfalls nur die klimabezogenen Informationen werden in den im Juni 2019 von der EU-Kommission veröffentlichten unverbindlichen **Leitlinien zur Berichterstattung** (**Guidelines on reporting climate-related information**) behandelt.

GRI-Standards

Die **GRI-Standards** sind mit mehr als 20.000 veröffentlichten Nachhaltigkeitsberichten de facto das internationale Standard-Rahmenwerk für die Nachhaltigkeitsberichterstattung von Unternehmen. Die **Global Reporting Initiative** wurde 1997 unter anderem auf Initiative des Umweltprogramms der Vereinten Nationen (**UNEP**) als Non-Profit Organisation mit Sitz in Amsterdam gegründet. Ziel der GRI-Standards ist die Standardisierung der globalen Nachhaltigkeitsberichterstattung. In Deutschland berichten ungefähr 60% der Unternehmen nach den Vorgaben des GRI (siehe auch **Abb. 3.3**).[76]

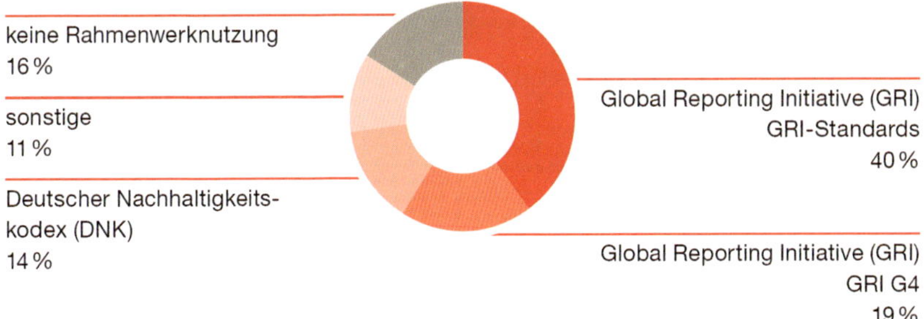

Abb. 3.3 Verwendete Rahmenwerke im DAX 160 für das Geschäftsjahr 2017[77]

[74] Vgl. IDW (2017a).
[75] Vgl. EU (2017).
[76] Vgl. PwC (2018).
[77] Quelle: PwC (2018), S. 25.

Das GRI-Rahmenwerk wurde in der Vergangenheit mehrfach umfassend überarbeitet und hat eine erhebliche Weiterentwicklung erfahren. Einen deutlichen methodischen Umbruch stellt die Umstellung von *einem* zusammenhängenden Regelwerk – den sogenannten GRI „Leitlinien" (englisch Guidelines) – auf voneinander unabhängige, **themenbezogene Einzelstandards** dar (daher auch die Verwendung des Plurals in **GRI Standard*s***). Während die älteren GRI-Guidelines der Generationen G1 bis G4 jeweils ein umfassendes, zusammenhängendes Dokument darstellten, das nur als Gesamtdokument aktualisiert werden konnte, hat sich die Struktur nun wesentlich geändert. Die aktuellen GRI-Standards sind ein in sich verknüpfter Satz aus Einzelstandards mit gegenseitigen Verweisen, die unabhängig voneinander aktualisiert werden können. Ziel dieser Umstellung ist eine größere Flexibilität bei der Weiterentwicklung und Aktualisierung der Standards, da fortan einzelne Standards inhaltlich weiterentwickelt werden können, ohne jedes Mal eine neue Version des Gesamtstandards herausgeben zu müssen. Auch die Prinzipien der Berichterstattung und methodischen Grundlagen sind dabei in einzelnen Standards geregelt. **Inhaltlich** sind die neuen GRI-Standards im Wesentlichen **deckungsgleich** zu den bisherigen Guidelines, sie verfügen aber über eine vereinfachte und konsistentere Terminologie, die sie anwenderfreundlicher macht.

Obwohl die Verwendung der GRI Standards bereits seit 1. Juli 2018 verbindlich ist, finden sich in der Literatur und auch in der Nachhaltigkeitsberichterstattung von Unternehmen immer noch zahlreiche Hinweise auf die vorangegangenen GRI Leitlinien (etwa „GRI G4" für GRI Guidelines, Version 4). Ungefähr ein Drittel der nach GRI berichtenden Unternehmen haben für das Geschäftsjahr 2017 noch die G4 Guidelines anwendet, der überwiegende Teil aber die aktuellen GRI Standards. In der kommenden Berichtsperiode wird die Anwendung der neuen Standards bei allen Unternehmen erwartet.

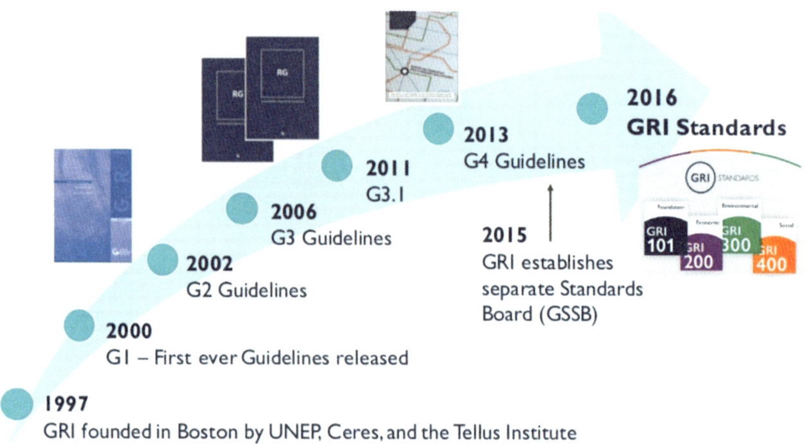

Abb. 3.4 Entwicklung der GRI-Standards[78]

[78] Quelle: GRI (2016b).

Die neuen GRI-Standards umfassen sechs Einzelstandards, davon drei allgemeine und drei themenspezifische Standards:

- Allgemeine Standards (General Disclosures)
  - GRI 101: Grundlagen
    - Grundbegriffe
    - Reporting Prinzipien
  - GRI 102: Allgemeine Angaben
    - Angaben zur Organisation
    - Vorgehensweise Reporting
  - GRI 103: Managementansätze
    - Wesentliche Themen
    - Erläuterung Management-Ansatz
- Themenspezifische Standards (Topic-Specific Disclosures)
  - GRI 200: Ökonomische Themen
    - Wirtschaftliche Performance
    - Indirekte Auswirkungen, Korruption etc.
  - GRI 300: Ökologische Themen
    - Materialien, Produktion Energie, Wasser
    - Emissionen, Abwasser, Compliance etc.
  - GRI 400: Soziale Themen
    - Arbeitsbedingungen, Kinderarbeit
    - Menschenrechte, Gleichstellung etc.

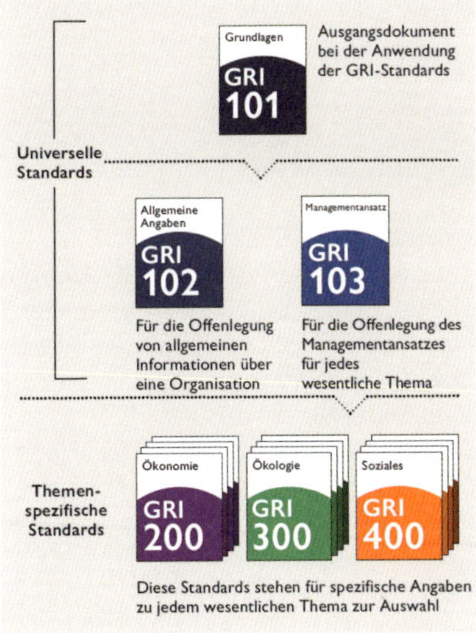

Abb. 3.5 Überblick über die einzelnen GRI-Standards[79]

[79] Quelle: GRI (2016a).

Im Anhang findet sich eine Übersicht über die von den jeweiligen Einzelstandards behandelten Themen. Diese ist auch für die Erstellung eines **GRI Index** geeignet, der Bestandteil jedes Nachhaltigkeitsberichts nach GRI ist. Dieser soll eine Zuordnung der einzelnen Textabschnitte zu den jeweiligen Themenbereichen des GRI ermöglichen, indem im GRI Index die entsprechende Seitenzahl aufgeführt ist, unter der ein Aspekt im Nachhaltigkeitsbericht enthalten ist. Dabei muss der Nachhaltigkeitsbericht nicht alle Inhalte direkt abbilden, denn über den GRI Index sind auch Verweise auf externe Quellen – etwa die Unternehmenswebseite oder der Geschäftsbericht – möglich.

Klar geregelt sind nach den GRI Standards auch die Prinzipien der Berichterstattung. Unterschieden wird dabei nach inhaltsbezogenen und qualitätsbezogenen Prinzipien. Bei den **inhaltsbezogenen** Prinzipien geht es beispielsweise um die Einbindung von Stakeholdern oder die Wahrung des Prinzips der Wesentlichkeit (siehe dazu auch 3.3.1). Bei den **qualitätsbezogenen** Prinzipien geht es hingegen um grundsätzliche Reporting-Prinzipien wie Genauigkeit, Ausgewogenheit und Aktualität, die sich weitgehend mit anderen Rahmenwerken – etwa dem Greenhouse Gas Protocol – decken.

Prinzipien zur Bestimmung des Berichtsinhaltes	Prinzipien zur Sicherstellung der Berichtsqualität
• Einbindung von Stakeholdern	• Genauigkeit
• Nachhaltigkeitskontext	• Ausgewogenheit
• Wesentlichkeit	• Verständlichkeit
• Vollständigkeit	• Vergleichbarkeit
	• Zuverlässigkeit
	• Aktualität

Abb. 3.6 Prinzipien der Berichterstattung gemäß GRI[80]

Die Unternehmen haben bezüglich des Umfangs der Berichterstattung die Wahl zwischen verschiedene Reporting-Optionen: „**Core**“ (Kern) und „**Comprehensive**“ (umfassend). Die Berichterstattung nach dem Comprehensive Prinzip verlangt die Berücksichtigung aller Themen des GRI Standards, während die Berichterstattung nach Core nur die von Unternehmen als wesentlich erachteten Themenbereiche erfordert. Die meisten Unternehmen wählen die Reporting-Option Core. Wichtig dabei ist, dass die potenziell wesentlichen Themen nicht auf die Kategorien des GRI begrenzt sind. Wenn Unternehmen Themenbereiche als relevant definieren, die im GRI nicht vorkommen, so sind diese ebenfalls im Nachhaltigkeitsbericht zu thematisieren.

80 Quelle: GRI (2016a).

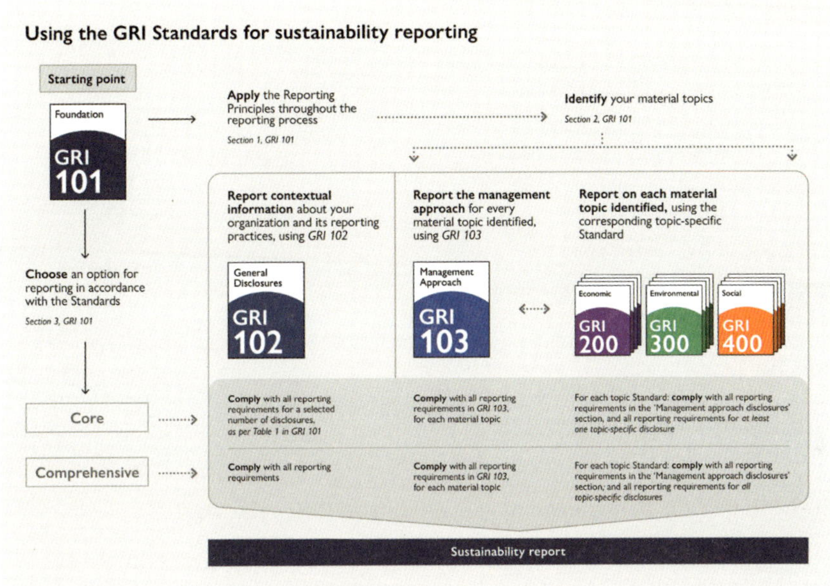

Abb. 3.7 Systematik der GRI-Berichterstattung[81]

Praxistipp:
Die GRI-Standards sind ein sehr anwenderfreundliches Rahmenwerk. Die einzelnen GRI-Standards führen den Anwender praxisnah durch die zu machenden Angaben. Dabei ist stets vermerkt, ob es sich um „Core-", „Comprehensive-" oder zusätzliche Angaben handelt. Weiterführende Anleitungen sollen bei der Berichterstellung möglicherweise auftretende Fragen direkt beantworten.

Deutscher Nachhaltigkeitskodex

Der **Deutsche Nachhaltigkeitskodex (DNK)** wurde vom **Rat für Nachhaltige Entwicklung**, einem im Jahr 2001 von der Bundesregierung berufenen Beratungsgremium, entwickelt. Es ist ein mehrfach überarbeiteter Vergleichsrahmen für Nachhaltigkeitsmanagement und gilt aktuell in der Fassung von 2019.[82] Er kann von Unternehmen und Organisationen aller Größen und Rechtsformen angewandt werden.

[81] Quelle: GRI (2017).
[82] Vgl. RNE (2019).

Strategie	Prozessmanagement	Umwelt	Gesellschaft
1. Strategische Analyse und Maßnahmen 2. Wesentlichkeit 3. Ziele 4. Tiefe der Wertschöpfungskette	5. Verantwortung 6. Regeln und Prozesse 7. Kontrolle 8. Anreizsysteme 9. Beteiligung von Anspruchsgruppen 10. Innovations- und Produktmanagement	11. Inanspruchnahme 12. Ressourcenmanagement 13. Klimarelevante Emissionen	14. Arbeitnehmerrechte 15. Chancengerechtigkeit 16. Qualifizierung 17. Menschenrechte 18. Gemeinwissen 19. Politische Einflussnahme 20. Gesetzes- bzw. Richtlinien-konformes Verhalten

Abb. 3.8 20 Kriterien gemäß DNK (Quelle: RNE).[83]

Unternehmen, die den Deutschen Nachhaltigkeitskodex anwenden, können die Berichte beim Rat für Nachhaltige Entwicklung einreichen. Sie werden dann auf formale Vollständigkeit geprüft und in eine öffentlich zugängliche Datenbank eingepflegt. Die Berichterstattung nach dem DNK kann auch zusätzlich zu einem Nachhaltigkeitsbericht nach GRI-Standards erfolgen.

EU-Leitlinien zur Berichterstattung (nicht finanzielle Erklärung)

Bei den **Leitlinien für die Berichterstattung über nichtfinanzielle Informationen der EU-Kommission**[84] handelt es sich um unverbindliche Orientierungshilfen für die Unternehmen, die grundsätzlich an den anerkannten Rahmenwerken berichten sollen. Die Leitlinien enthalten zahlreiche Erläuterungen und Beispiele und können so als zusätzliche, praxisnahe Hilfestellung bei der Berichterstellung dienen.

EU-Leitlinien zur Berichterstattung (klimabezogene Informationen)

Die unverbindlichen Leitlinien zur Berichterstattung über klimabezogene Informationen (**Guidelines on reporting climate-related information**) wurden erst im Juni 2019 von der EU-Kommission veröffentlicht. Sie enthalten praktische Empfehlungen zur Berichterstattung der Unternehmen über die Auswirkungen ihrer Aktivitäten auf das Klima und die Auswirkungen des Klimawandels auf ihr Geschäft. Betroffen sind beispielweise das Geschäftsmodell, die Unternehmensprozesse und -ergebnisse sowie die Risiken des Unternehmens.

Praxistipp:
Die EU-Leitlinien enthalten etliche Beispiele zur Berichterstattung über wesentliche Erfolgsfaktoren (Key Performance Indicators). Sie ergänzen damit die oben erläuterten Leitlinien zur Veröffentlichung von nichtfinanziellen Informationen.

[83] Quelle: RNE (2017).
[84] Vgl. EU (2017).

DRS 20

Unbedingt zu beachten ist, dass die Anwendung eines allgemein anerkannten Rahmenwerks das Unternehmen **nicht** von der Anwendung der Vorschriften des **DRS 20** befreit.[85] Gemäß Tz. 299 des DRS 20 sind auch bei Nutzung eines Rahmenwerks alle Anforderungen der Tz. 257 bis 305 des DRS zu erfüllen. Darüber hinaus sind zwingend Angaben zum verwendeten Rahmenwerk zu machen. Gemäß Tz. 296 bis 300 des DRS 20 sind die teilweise oder vollständig verwendeten Rahmenwerke anzugeben. Wurde kein Rahmenwerk angewendet, ist dies gem. Tz. 301 zu begründen.

Hinweis:
In Fällen, in denen der DRS 20 einschlägig ist, ist auch bei Anwendung eines anerkannten Rahmenwerks zwingend zu prüfen, ob alle Angabepflichten des DRS 20 beachtet wurden.

3.2.2 Nichtfinanzielle Erklärung bzw. integrierter Bericht

§ 289b HGB verpflichtet bestimmte große Unternehmen zur Erweiterung ihres Lageberichts um eine **nichtfinanzielle Erklärung.** DRS 20 erlaubt verschiedene **Berichtsalternativen**[86]:

- Integration in den (Konzern-)Lagebericht
- Besonderer Abschnitt innerhalb des (Konzern-)Lagebericht
- gesonderter nichtfinanzieller (Nachhaltigkeits-)Bericht
- eigenständiger nichtfinanzieller Bericht
- Integration in einen anderen Bericht (Nachhaltigkeitsbericht)
- Besonderer Abschnitt in einem anderen Bericht (Nachhaltigkeitsbericht).

Praxistipp:
Für Unternehmen, die bisher noch keinen eigenständigen Nachhaltigkeitsbericht erstellt haben, bietet sich die nichtfinanzielle Erklärung als Bestandteil des Lageberichts an. Dies kann in einem gesonderten Abschnitt und integriert im ganzen Bericht erfolgen. Dies ist für den Einstieg in die Nachhaltigkeitsberichterstattung weniger aufwendig und hat den Vorteil der Nähe der nicht finanziellen Angaben zu den finanziellen Angaben. So sind die Nachhaltigkeitsinformationen direkt mit den Abschlussinformationen verbunden. Auf diese Art und Weise können Zusammenhänge zwischen finanzieller und nicht finanzieller Leistung verdeutlicht werden.

Zur Vermeidung von Redundanzen kann innerhalb des Lageberichts von der nicht finanziellen Erklärung auf andere Stellen des Lageberichts verwiesen werden. Dies betrifft unter anderem die Beschreibung des Geschäftsmodells, die Risikoberichterstattung, sowie die Berichterstattung über die bedeutsamsten nicht finanziellen Leistungsindikatoren.

85 Vgl. Abschnitt 3.1.1. zu den Anforderungen des DRS 20.
86 Vgl. ausführliche Darstellung im Abschnitt 3.1.1.

Praxistipp:
Anhand einer **Indextabelle** kann man gut aufzeigen, in welchen Kapiteln und Unterabschnitten sich die einzelnen nichtfinanziellen Angaben befinden. Dies führt auch bei einer integrierten Berichterstattung zu einer großen Übersichtlichkeit der nichtfinanziellen Themen.

Aufgrund dieser Vorteile ging das IDW davon aus, dass viele Adressaten die Darstellung in einem Bericht der Lösung eines eigenständigen Nachhaltigkeitsbericht vorziehen werden.[87] In der Praxis hat sich allerdings herausgestellt, dass die Unternehmen sehr unterschiedliche Möglichkeiten nutzen.

Auch der Umfang der nichtfinanziellen Erklärungen ist sehr unterschiedlich, er beträgt im Regelfall 10–19 Seiten, reicht aber auch von einer Seite bis zu über 100 Seiten. Als Durchschnitt sind ungefähr 23 Seiten zu nennen.[88]

Bei der Strukturierung richteten sich nur 28%[89] nach dem Schema der fünf Belange[90], die Gliederung nach den unternehmensspezifischen Handlungsfeldern überwiegt und zwar unabhängig vom verwendeten Rahmenwerk.

Veröffentlichung der Nichtfinanziellen Erklärung im (Konzern-)Lagebericht
26,5%
Integriert, d.h. nichtfinanzielle Informationen an verschiedenen Stellen des Lageberichts in den Text integriert
3%
7*
Als separates Kapitel in den Lagebericht integriert
23,5%
50

Veröffentlichung der Nichtfinanziellen Erklärung außerhalb des (Konzern-)Lageberichts
73,5%
In Geschäfts- oder Nachhaltigkeitsbericht integriert
40%
Als gesonderter nichtfinanzieller Bericht außerhalb des Lageberichts in den Geschäftsbericht integriert
17%
35
Als gesonderter nichtfinanzieller Bericht in den Nachhaltigkeitsbericht integriert (im Ganzen, in Abschnitten oder an verschiedenen – gekennzeichneten – Stellen)
23%
49
Eigenständig veröffentlicht
33,5%
Als gesonderter nichtfinanzieller Bericht eigenständig veröffentlicht
33%
70
Weitere (Homepage oder Mischformen)
0,5%
1

Abb. 3.9 Berichtsformate in der Praxis (Quelle: Deutsches Global Compact Netzwerk).[91]

87 Vgl. IDW (2017a).
88 Vgl. PwC (2018a), S. 22.
89 Vgl. Deutsches Global Compact Netzwerk (2018).
90 Umweltbelange, Arbeitnehmerbelange, Sozialbelange, Achtung der Menschenrechte, Bekämpfung der Korruption, vgl. Abschnitt 3.1.1.
91 Quelle: Deutsches Global Compact Netzwerk (2018), S. 13.

Interessant ist hierbei auch, dass der Ort der nichtfinanziellen Berichterstattung offenkundig auch vom Börsensegment des Unternehmens abhängt, denn hier ergeben sich signifikante Unterschiede:

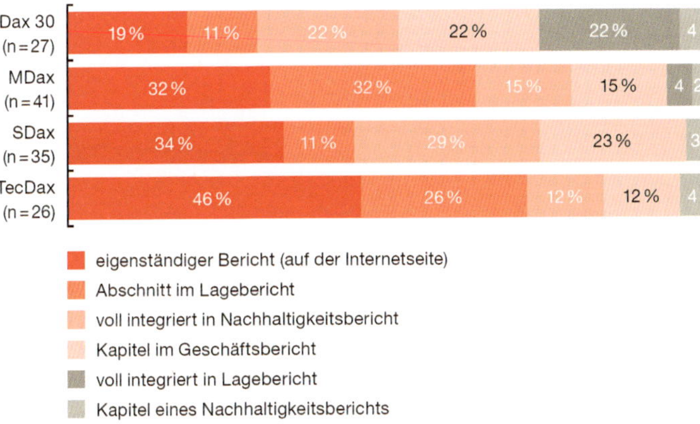

Abb. 3.10 Verortung der nichtfinanziellen Erklärung (Quelle: PwC).[92]

Auch wenn die Unternehmen ihre Berichterstattung nicht nach den fünf Belangen gliedern, so berichten sie dennoch in der Regel über sämtliche Belange und formulieren für alle Belange Ziele, wobei qualitative Zielformulierungen gegenüber quantitativen Zielformulierungen überwiegen.

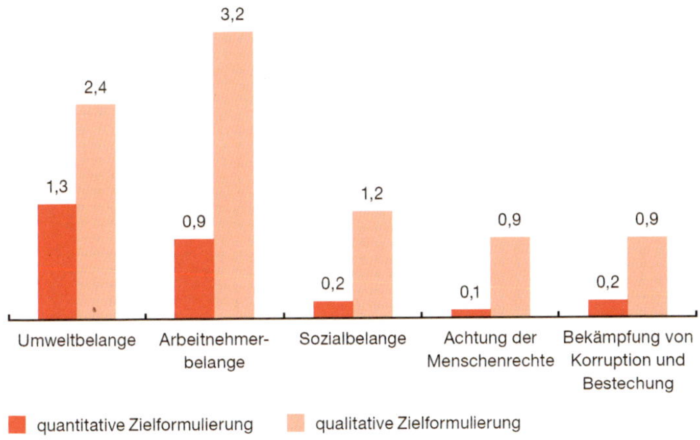

Abb. 3.11 Quantitative und qualitative Zielformulierungen (Quelle: PwC).[93]

92 Quelle: PwC (2018a), S. 19.
93 Quelle: PwC (2018a), S. 51.

Die Unternehmen beschreiben im Regelfall ihre Konzepte zu allen fünf Belangen und veranschaulichen ihre Berichterstattung insbesondere bezüglich Arbeitnehmern- und Umweltbelangen sowie Bekämpfung von Korruption und Bestechung anhand von Kennzahlen.

CSR-RUG Belange	Unternehmen beschreiben Konzept		Unternehmen nennen Kennzahlen	
	Anzahl	%	Anzahl	%
Umwelt	197	93	157	74
Arbeitnehmer	206	97	188	89
Soziales	170	80	102	48
Menschenrechte	167	79	69	33
Korruptions-bekämpfung	203	96	142	67

Abb. 3.12 Berichterstattung über die Belange (Quelle: Deutsches Global Compact Netzwerk).[94]

Bei der Einbeziehung der Lieferkette scheint es noch Verbesserungspotenziale zu geben. Nur bei kleineren Unternehmen erfolgte bezüglich der Achtung der Menschenrechte mehrheitlich eine Berichterstattung, ansonsten unterblieb diese mehrheitlich für die einzelnen Belange. Bei den größeren Unternehmen wurde in der Hälfte der Fälle in einem gesonderten Abschnitt über die Lieferkette berichtet, dies bietet sich an, um die Berichterstattung über die Lieferkette besser bündeln zu können.

3.2.3 Eigenständiger Bericht

Viele Unternehmen, die sich bereits seit einiger Zeit im Bereich der Nachhaltigkeit engagieren, haben bereits auf freiwilliger Basis Nachhaltigkeitsberichte veröffentlicht. Fast die Hälfte der kapitalmarktorientierten Unternehmen publizieren einen eigenständigen Nachhaltigkeitsbericht.[95] Für diese Unternehmen sowie für Unternehmen, die ihr Engagement besonders hervorheben möchten, bietet sich anstelle der nichtfinanziellen Erklärung die Herausgabe eines eigenständigen Nachhaltigkeitsbericht an.

Praxistipp:
Die Vorteile des eigenständigen Berichts liegen unter anderem darin, dass man weniger an die gesetzlichen Vorgaben der Finanzberichterstattung gebunden ist und Nachhaltigkeitsinformationen an Stakeholder herausgeben kann ohne gleichzeitig Finanzinformationen zu überreichen. Dies ist beispielsweise für Unternehmen ihre Kunden interessant, die ihre (End-)Kunden gerne über ihr nachhaltiges Engagement informieren möchten und daher ihre Nachhaltigkeitsberichte den Warenlieferungen beilegen, in Geschäften zum Mitnehmen auslegen oder über das Internet zum Download oder zur Bestellung anbieten. In diesen Fällen soll gezielt über das nachhaltige Engagement informiert werden, die Offenlegung der Finanzzahlen ist diesem Zusammenhang nicht gewollt bzw. nicht sinnvoll.

94 Quelle: Deutsches Global Compact Netzwerk (2018): S. 14f.

95 Vgl. Deutsches Global Compact Netzwerk (2018).

Während man im Vorfeld eher davon ausging, dass die Unternehmen entweder eine nichtfinanzielle Erklärung oder einen separaten Nachhaltigkeitsbericht erstellen würden, ist in der Praxis zu beobachten, dass viele Unternehmen Nachhaltigkeitsinformationen in mehreren Formen veröffentlichen.

Veröffentlichen Sie neben der Nichtfinanziellen Erklärung zusätzlich Nachhaltigkeitsinformationen?
(n = 81, Mehrfachnennungen möglich)

Antwortoption	Anzahl	%
Ja, in Form eines Nachhaltigkeitsberichts	38	47
Ja, im Lagebericht	16	20
Ja, in anderer Form*	27	33
Nein	18	22

Abb. 3.13 Veröffentlichung zusätzlicher Informationen (Quelle: Deutsches Global Compact Netzwerk).[96]

Eigenständige Nachhaltigkeitsberichte können als Visitenkarte des Unternehmens dienen, insbesondere, wenn sie in einem Ranking einen guten Platz erzielen und bei einer öffentlichen Veranstaltung ausgezeichnet werden. Zuvor werden die Nachhaltigkeitsberichte, teilweise nach Großunternehmen und Mittelstand getrennt, nach einem Punkteschema beurteilt:[97]

Ranking-Kriterien und ihre standardmäßige Gewichtung:	max. Bewertung	Gewichtung	max. Punkte
A Materielle Anforderungen an die Berichterstattung			
A.1 Unternehmensprofil	5	5	25
A.2 Vision, Strategie und Management	5	20	100
A.3 Ziele und Programm	5	15	75
A.4 Interessen Mitarbeiter/innen	5	15	75
A.5 Ökologische Aspekte der Produktion	5	15	75
A.6 Produktverantwortung	5	20	100
A.7 Verantwortung in der Lieferkette	5	20	100
A.8 Gesellschaftliches Umfeld	5	10	50
B Allgemeine Berichtsqualität			
B.1 Glaubwürdigkeit	5	10	50
B.2 Berichterstattung zu wesentlichen Themen	5	5	25
B.3 Kommunikative Qualität	5	5	25

Abb. 3.14 Beispiel eines Modells für Rankingkriterien (Quelle: IÖW).[98]

96 Quelle: Deutsches Global Compact Netzwerk (2018), S. 20.
97 Vgl. IÖW (2019).
98 Quelle: IÖW (2019b).

Anhand des Modells wird deutlich, dass Angaben zu Vision, Strategie und Management, Produktverantwortung und Lieferkette von besonderer Bedeutung sind, gefolgt von Zielen und Programm, Interessen der Belegschaft und ökologischen Aspekten der Produktion. Die Darstellung von Unternehmensprofil, wesentlichen Themen und die kommunikative Qualität sind nach dem gesellschaftlichen Umfeld und der Glaubwürdigkeit von untergeordneter Bedeutung. Aus dieser Gewichtung wird deutlich, dass der in der Regel sehr schwer zu erfassenden Lieferkette eine sehr große Bedeutung zugemessen wird. Die relativ geringe Gewichtung der Glaubwürdigkeit im vorliegenden Beispiel darf nicht darüber hinwegtäuschen, dass mangelnde Glaubwürdigkeit den Unternehmen großen Schaden zufügen kann.[99]

3.3 Inhalt eines Nachhaltigkeitsberichtes

3.3.1 Analyse wesentlicher Themen als Grundlage

Ausgangspunkt jeder **Nachhaltigkeitsanalyse** ist die Wesentlichkeitsanalyse, auch **Materialitätsanalyse** genannt. Ziel der Wesentlichkeitsanalyse ist die Identifikation wesentlicher Themen für das Unternehmen und die relevanten internen und externen Stakeholder.

Dieses Wesentlichkeitsprinzip in der Nachhaltigkeit ist an das Wesentlichkeitsprinzip in der Wirtschaftsprüfung angelehnt, muss jedoch gleichzeitig klar von diesem abgegrenzt werden.

Hinweis:
Das Prinzip der Wesentlichkeit stammt aus der Wirtschaftsprüfung, es ist aber unbedingt zu beachten, dass es im Nachhaltigkeitskontext anders ausgelegt wird.

Während das Prinzip der Wesentlichkeit in der Wirtschaftsprüfung bei der Prüfung eines Jahresabschlusses eine sinnvolle Gewichtung der Prüfungsziele und deren Verfolgung mit sachgerechten Methoden sicherstellen soll[100], geht es im beim Prinzip der Wesentlichkeit in der Nachhaltigkeit vielmehr darum, den **Einfluss eines Unternehmens auf seine Umwelt** darzustellen. Wirtschaftsprüfer ermitteln die Wesentlichkeit anhand von Jahresabschlusskennzahlen wie Umsatzerlösen, Jahresüberschuss oder Eigenkapital. Im Bereich der Nachhaltigkeit entscheidet die Wesentlichkeit hingegen darüber, ob ein Thema relevant genug ist, um es in die Nachhaltigkeitsberichterstattung eines Unternehmens zu übernehmen. Dies wird angenommen, wenn dessen Auswirkungen bezüglich der Dimensionen Wirtschaft, Umwelt oder Gesellschaft **bedeutsam** sind oder einen **Einfluss auf die Entscheidungen der Stakeholder** haben.

Obgleich das Wesentlichkeitsprinzip eine zentrale Rolle bei der Nachhaltigkeitsberichterstattung von Unternehmen spielt, existiert keine einheitliche, für alle Nachhaltigkeitsstandards verbindliche Definition. Vielmehr legt jeder Nachhaltigkeitsstandard seine eigene Definition des Wesentlichkeitsprinzips vor. Auch unterscheidet sich der Stellenwert des Wesentlichkeitsprinzips im Gesamtkontext der Nachhaltigkeitsberichterstattung. Im Direktvergleich

[99] Vgl. Abschnitt 4.2.2.
[100] Vgl. Böcking et al. (2019); Taubken und Feld (2017).

der Definitionen nach GRI und DNK wird diese unterschiedliche Schwerpunktsetzung sichtbar:

- **Definition nach GRI:** „Im Bericht müssen Themen behandelt werden, die [...] die erheblichen ökonomischen, ökologischen und sozialen Auswirkungen der berichtenden Organisation aufzeigen; oder [...] die Beurteilungen und Entscheidungen der Stakeholder erheblich beeinflussen.“[101]
- **Definition nach DNK:** „Das Unternehmen legt offen, welche Aspekte der eigenen Geschäftstätigkeit wesentlich auf Aspekte der Nachhaltigkeit einwirken und welchen wesentlichen Einfluss die Aspekte der Nachhaltigkeit auf die Geschäftstätigkeit haben. Es analysiert die positiven und negativen Wirkungen und gibt an, wie diese Erkenntnisse in die eigenen Prozesse einfließen.“[102]

Ein Thema kann bezüglich einer, zwei oder drei Dimensionen relevant und somit wesentlich sein. Dabei sind interne und externe Faktoren zu berücksichtigen. Das Ergebnis der Wesentlichkeitsanalyse steuert den Umfang der Berichterstattung. Es ist ferner zu beachten, dass nicht alle wesentlichen Themen die gleiche Bedeutung haben. Die Schwerpunkte im Bericht sind entsprechend der relativen Bedeutung der Themen zu setzen.

Zur Bestimmung der Wesentlichkeit gibt es verschiedene Methoden. GRI 101 schlägt eine Matrix vor, in der die Themen nach zwei Dimensionen der Nachhaltigkeit eingeordnet werden können, wobei man die Einschätzung der einzelnen Themen nicht exakt berechnen muss. Als Ergebnis kann man die relative Bedeutung jedes wesentlichen Themas erkennen:

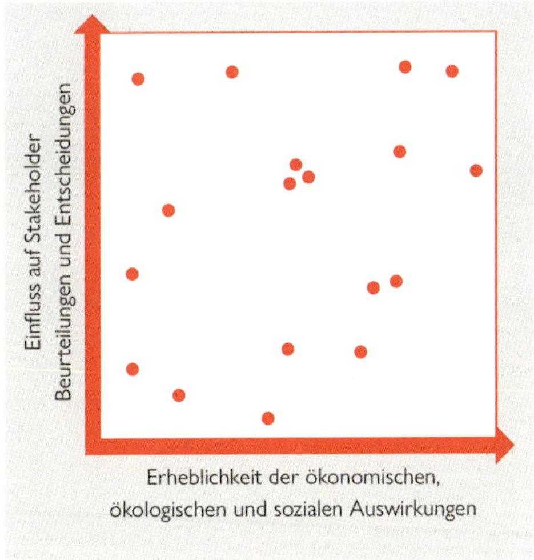

Abb. 3.15 Matrix zur Bestimmung der Wesentlichkeiten (Quelle: GRI).[103]

[101] GRI (2016), S. 10.
[102] DNK (2019), S. 2.
[103] Quelle: GRI (2016a).

Die in den GRI-Standard vorgeschlagene Matrizen-Form zur Darstellung der Wesentlichkeit wird von Unternehmen häufig übernommen:

Beispiel

Im Folgenden zeigen wir zwei Beispiele des gleichen Unternehmens in der zeitlichen Entwicklung. Im Vorjahr war die Darstellung sehr dicht an die GRI-Standards angelehnt und zeigte eine hohe Anzahl relevanter Aspekte:

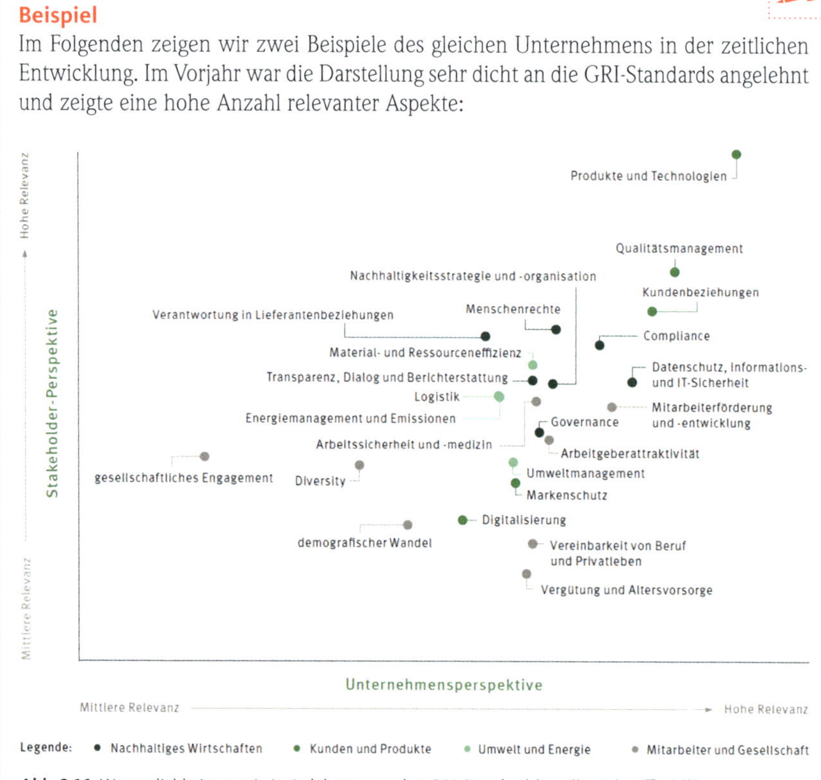

Abb. 3.16 Wesentlichkeitsmatrix in Anlehnung an den GRI Standard (Quelle: Schaeffler).[104]

Im Folgejahr hat das gleiche Unternehmen die wesentlichen Aspekte deutlich stärker aggregiert. Interessant ist, dass sich dabei auch die Relevanz der Aspekte geändert hat. Waren im Vorjahr Produkte und Technologien aus der Perspektiver der Stakeholder am relevantesten, so waren es im Folgejahr die Mitarbeiterförderung und -entwicklung.

[104] Quelle: Schaeffler (2017), S. 29.

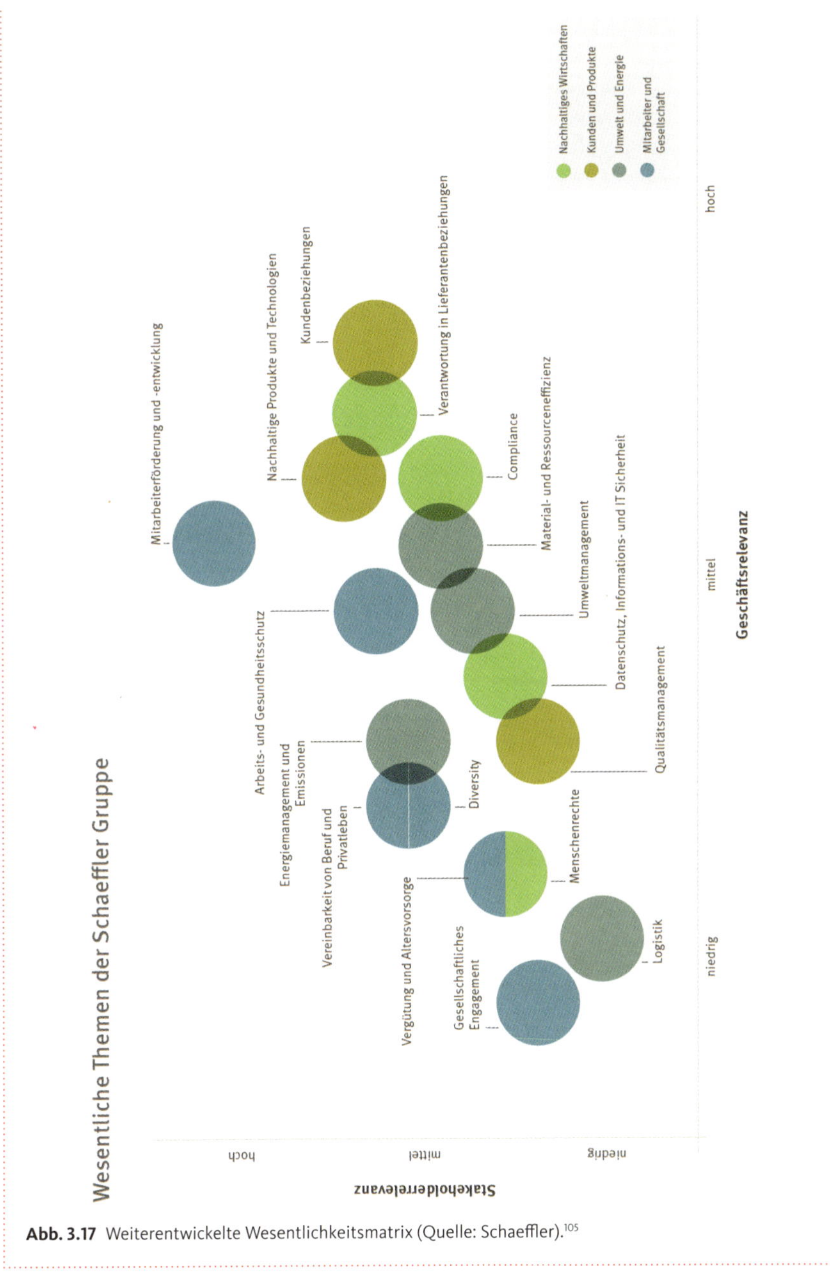

Abb. 3.17 Weiterentwickelte Wesentlichkeitsmatrix (Quelle: Schaeffler).[105]

[105] Quelle: Schaeffler (2018), S. 26.

Die im vorgenannten Beispiel sichtbare Weiterentwicklung der Nachhaltigkeitsanalyse ist positiv zu sehen. Im Bereich der Nachhaltigkeit ist es durchaus üblich und auch äußerst sinnvoll stufenweise vorzugehen. Die nachhaltige Unternehmensführung ist ein Prozess, der sich nur über einen längeren Zeitraum implementieren lässt. Es empfiehlt sich, realistische Ziele und Zeitpläne aufzustellen, da zu ambitionierte Zielsetzungen häufiger scheitern. Diese langfristige Planung kann und darf man auch offenlegen:

Beispiel

Im folgenden Beispiel zeigt das Unternehmen transparent auf, dass Stakeholder- und Issues-Managements sich in einem Zeitraum von 10 Jahren fortentwickeln. Diese Transparenz wirkt sehr glaubhaft und zeigt das stetige Engagement des Unternehmens zur Verbesserung:

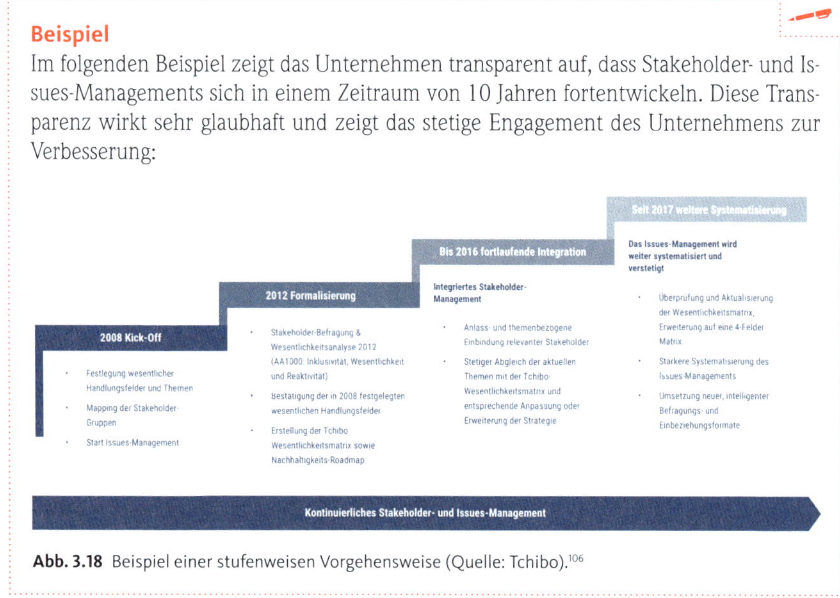

Abb. 3.18 Beispiel einer stufenweisen Vorgehensweise (Quelle: Tchibo).[106]

Erfolgt die Darstellung der Wesentlichkeit in Form einer an den GRI Standard angelehnten Matrix, so fügen viele Unternehmen Zwischenlinien ein, um die höhere oder geringere Relevanz von einzelnen Aspekten hervorzuheben.

Neben den matrixförmigen findet man auch häufig kreisförmige Darstellungen der Wesentlichkeit.

[106] Quelle: Tchibo (2019).

Beispiel

In diesem Beispiel nimmt die Wesentlichkeit mit der Farbe zu, das heißt, die Aspekte mit höchster Relevanz befinden sich in der Mitte des Kreises, die weniger relevanten Aspekte am Rand:

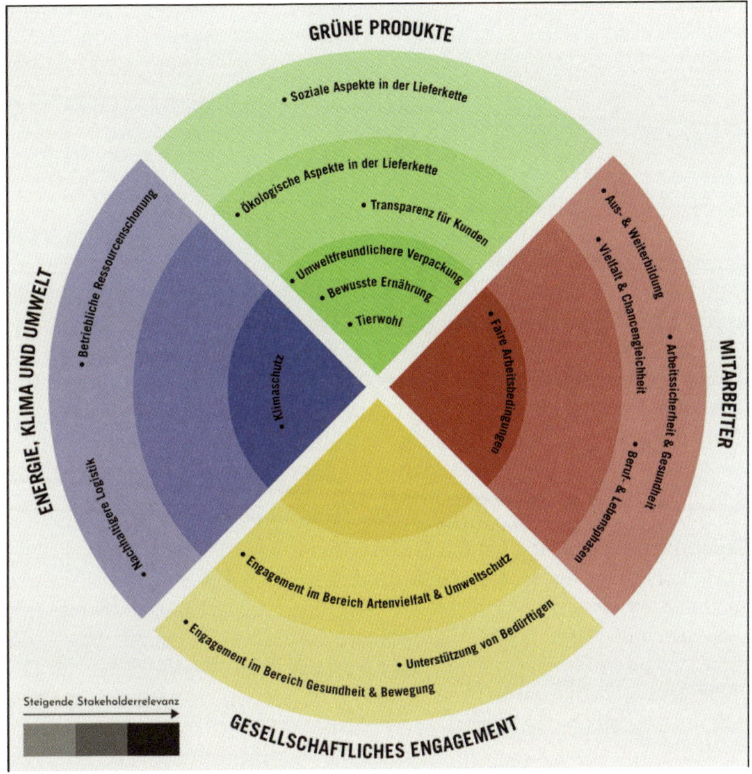

Abb. 3.19 Beispiel eines Tortendiagramms zur Darstellung der Wesentlichkeit (Quelle: REWE).[107]

Der **deutsche Nachhaltigkeitskodex** definiert als wesentliche Nachhaltigkeitsaspekte die Unternehmensaktivitäten, die ein entscheidende negative oder positive Auswirkung auf Nachhaltigkeitsaspekte haben bzw. sich in besonderem Maße auf die Unternehmensaktivitäten auswirken. Desweitern können Themen gemäß DNK wesentlich sein, wenn sie für die Entscheidungen von Stakeholdern eine besondere Bedeutung haben oder deren Verhältnis zum Unternehmen prägen.[108] Der RNE empfiehlt die Wesentlichkeitsanalyse nicht nur aus Unternehmenssicht, sondern im Dialog mit den wichtigen Stakeholdern zu erstellen.

[107] Vgl. REWE (2018).
[108] Vgl. RNE (2019).

CHECKLISTE

ASPEKT 1	ASPEKT 2	ASPEKT 3
Beschreiben Sie die ökologischen, sozialökonomischen und politischen Besonderheiten des Umfelds, in dem Ihr Unternehmen tätig ist.	Beschreiben Sie die positiven und negativen Auswirkungen der Geschäftstätigkeit Ihres Unternehmens auf wesentliche Nachhaltigkeitsaspekte.	Beschreiben Sie die Chancen und Risiken, die sich aus dem Umgang mit den Nachhaltigkeitsaspekten für Ihr Unternehmen ergeben, sowie sich daraus ergebende Schlussfolgerungen für das Nachhaltigkeitsmanagement des Unternehmens.

Abb. 3.20 DNK-Checkliste für die Wesentlichkeitsbestimmung (Quelle: RNE).[109]

Die gängigen Rahmenwerke wie GRI und Deutscher Nachhaltigkeitskodex definieren die **Wesentlichkeit** vor allem hinsichtlich der Auswirkungen der Unternehmenstätigkeit. Dies führt regelmäßig zu einer relativ großen Anzahl wesentlicher Themen, erfüllt aber dennoch im Regelfall nicht die gesetzlichen Anforderungen des § 289c HGB. **Im Rahmen der verpflichtenden nichtfinanziellen Berichterstattung gilt aber eine andere Wesentlichkeitsdefinition.** Hier ist gemäß § 286c Abs. 3 HGB die Wesentlichkeitsdefinition der Lageberichtserstattung anzuwenden, sodass die Angaben zu machen sind, die für das Verständnis von Geschäftsverlauf, Geschäftsergebnis, Lage und Auswirkungen der Tätigkeiten auf die nichtfinanziellen Aspekte erforderlich sind.

Die **Wesentlichkeitsanalyse gemäß GRI** ist eine Analyse der Auswirkungen sowie der Entscheidungsrelevanz für wichtige Stakeholder. Die GRI geben prozessuale Vorgaben für die Ermittlung der wesentlichen von den Unternehmen einzuhaltenden Themen. Insofern ähnlichen sich die Wesentlichkeitsbeurteilungen bezüglich der Auswirkungen der Geschäftstätigkeit auf Wirtschaft, Umwelt und Soziales gemäß GRI und § 289c Abs. 3 Satz 1 HGB. Allerdings verzichtet das HGB auf das Kriterium der Entscheidungsrelevanz für Stakeholder. Stattdessen gibt es handelsrechtlich zusätzlich das Erfordernis einer Information für das Verständnis von Geschäftsverlauf, Geschäftsergebnis und Lage des Unternehmens.

Praxistipp:
Die **EU-Leitlinien zur klimabezogenen Berichterstattung**[110] stellen sehr anschaulich dar, dass die Wesentlichkeit unter Nachhaltigkeitsgesichtspunkten im Gegensatz zur finanziellen Wesentlichkeit in zwei Richtungen zu betrachten ist: Während Wirtschaftsprüfern die finanzielle Betrachtungsweise bekannt ist, die die Einflüsse auf das Unternehmen betrachtet, ist bei der Nachhaltigkeitsberichterstattung eine **umgekehrte Sichtweise** anzuwenden, die die Auswirkungen der Unternehmensaktivitäten auf das Klima bzw. andere Nachhaltigkeitsaspekte relevant.

[109] Vgl. RNE (2019).
[110] Vgl. EU (2019).

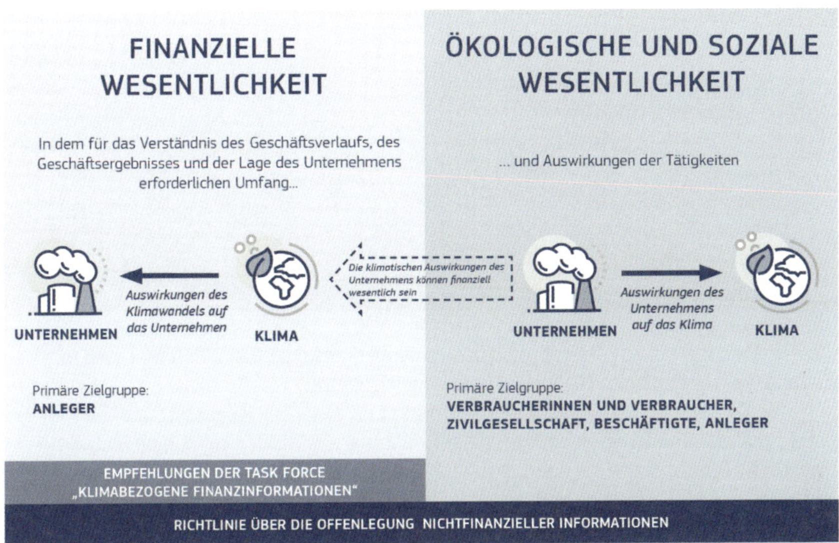

Abb. 3.21 Perspektiven der Wesentlichkeit (Quelle: EU).[111]

Insofern sollten Unternehmen bei der Verwendung von Rahmenwerken im Hinblick auf ihre Wesentlichkeitsanalyse sicherstellen, dass damit das Wesentlichkeitserfordernis des HGB mindestens erfüllt ist.

Hinweis:
Für die Nichtfinanzielle Erklärung ist die Wesentlichkeitsdefinition des HGB ausschlaggebend.

Während es in der Regel rechtlich unschädlich ist, wenn Unternehmen über die Erfordernisse des § 289c HGB hinaus über die Entscheidungsrelevanz für wichtige Stakeholder berichten, besteht die Gefahr, dass **mit der Nachhaltigkeitsberichterstattung betrauten Mitarbeiter,** die in Regel keinen beruflichen Hintergrund aus dem Rechnungswesen oder der Wirtschaftsprüfung haben, die Berichterstattung über die Information für das Verständnis von Geschäftsverlauf, Geschäftsergebnis und Lage des Unternehmens vergessen.[112]

[111] Quelle: EU (2019b).
[112] Vgl. IDW (2017a).

Praxistipp:
Es empfiehlt sich in der Praxis daher dringend, die mit der Nachhaltigkeitsberichterstattung betrauten Mitarbeiter bereits frühzeitig auf die von den GRI oder Deutschem Nachhaltigkeitskodex abweichende Wesentlichkeitsdefinition des § 286c Abs. 3 HGB hinzuweisen. Erfolgt dies nicht, besteht die Gefahr, dass die nichtfinanzielle Berichterstattung in einem relativ spätem Berichtsstadion durch die verantwortlichen Wirtschaftsprüfer erkannt und beanstandet wird. Die dann gegebenenfalls erforderliche Ausweitung der Berichterstattung könnte zu Verzögerungen in der gesamten Berichterstattung führen.

§ 289c Abs. 3 Nr. 3 und 4 HGB verpflichtet die berichtspflichtigen Unternehmen zur Darstellung der wesentlichen **Risiken**, die mit der eigenen Geschäftstätigkeit, Geschäftsbeziehungen, Produkten und Dienstleistungen verknüpft sind. Im Gegensatz zur übrigen Berichterstattung sind in die nichtfinanzielle Erklärung nur Risiken aufzunehmen, die „sehr wahrscheinlich schwerwiegende negative Auswirkungen" haben oder haben werden. Des Weiteren ist über Risiken zu berichten, die dazu führen können, dass die Erwartungen der Stakeholder nicht erfüllt werden können.

Gemäß DRS ist sowohl eine Netto- als auch eine **Bruttobetrachtung** der Risiken zulässig. Bei der **Nettobetrachtung** wird über das nach Berücksichtigung der Gegenmaßnahmen verbleibende Restrisiko berichtet. Bei der Bruttobetrachtung wird über das Risiko ohne Schutzmaßnahmen berichtet. Das IDW empfiehlt die Bruttobetrachtung aufgrund der höheren Aussagekraft.[113]

3.3.2 Zielformulierung, Zieleinhaltung, Management-Ansätze

Sind die wesentlichen Themen (siehe Kapitel 3.3.1) einmal formuliert, muss für jeden Themenbereich dargelegt werden, wie das Thema strategisch und operativ im Unternehmen verankert ist (nach GRI „Management-Ansatz"), welche Ziele sich das Unternehmen für die Zukunft gesetzt hat und wie die Einhaltung der Ziele fortlaufend eingehalten wird:

Management-Ansatz

In der Definition des GRI muss ein Unternehmen für jeden als wesentlich definierten Themenbereich einen Management-Ansatz aufzeigen. Dies ist in GRI 103 geregelt. Darin wird gefordert, dass Unternehmen für jeden wesentlichen Themenbereich…

a. …erklären, warum ein Thema als relevant gilt und wie dessen Umfang („Topic Boundary") definiert ist (GRI 103-1);
b. …erklären, wie das Thema vom Unternehmen gesteuert wird, welcher Zweck bzw. welches übergeordnete Ziel („Purpose") dem Steuerungs- bzw. Management-Mechanismus zugrunde liegt und wie das Thema strategisch und operativ aufgehängt ist (z.B. durch Richtlinien, Verantwortlichkeiten, darauf verwendeten Ressourcen oder spezifischen Programmen und Initiativen) (GRI 103-2);

113 Vgl. IDW (2017a).

c. ...darlegen, nach welchem Mechanismus die Effektivität des Management-Ansatzes evaluiert und nach welchen Regeln dieser angepasst wird (GIR 103-3).

Zielsetzung

Neben der Festlegung des Management-Ansatzes ist es auch erforderlich, zukunftsbezogene Ziele zu formulieren. Zielsetzungen sind dann am effektivsten, wenn sie spezifisch, messbar und zeitlich eingegrenzt sind.[114] Die Ziele können qualitativ oder quantitativ formuliert sein und beziehen sich im Regelfall auf ein **Baseline-Szenario** (z.B. ein Basisjahr), das als Ausgangspunkt für die Zielformulierung verwendet wird.[115] Im Regelfall bezieht sich die Zielformulierung auf einen in der Zukunft liegenden Zeitpunkt oder einer entsprechenden Zeitspanne. Viele Unternehmen setzen sich Ziele für einen mittelfristigen Zeitraum (3–5 Jahre) und unterziehen diese nach Ablauf dieser Periode einer erneuten Prüfung.

Ziele können darüber hinaus **absolut** oder **relativ** formuliert werden. Eine absolute Zielformulierung sieht beispielsweise die Reduktion von CO_2-Emissionen auf einen absoluten Wert vor (z.B. „Reduktion auf 120.000 t CO_2e[116]"), während eine relative Zielformulierung (auch „Intensitätsziel" genannt) die Reduktionsleistung auf eine andere Kenngröße bezieht (z.B. „Reduktion der Emissionen je Produkteinheit auf 1,4 kg CO_2e"). Absolute Zielformulierungen machen in Bereichen Sinn, wo der Grad der Zielerreichung weitgehend vom Unternehmenswachstum abgekoppelt ist. Relative Ziele werden im Regelfall dort angewendet, wo ein starker Zusammenhang zwischen der zugrundeliegenden Kenngröße und dem Unternehmenswachstum bzw. Output besteht.

Mit der Zielsetzung einher geht auch das **Ambitionsniveau**, dem sich ein Unternehmen verpflichtet. Ziele können ambitioniert oder weniger ambitioniert gesetzt werden, wobei es keine einheitliche Definition darüber gibt, wann ein Ziel als ambitioniert gilt. Hierbei spielt auch der Prozess der Zielsetzung eine Rolle. Während es meist üblich ist, Ziele auf Basis des individuellen Potenzials eines Unternehmens zu setzen (*was ist ein Unternehmen bei vertretbaren Ressourceneinsatz imstande zu leisten?*) lässt sich gerade beim Aspekt CO_2-Reduktion eine Tendenz zu Zielsetzungen auf Grundlage wissenschaftlicher Erkenntnisse beobachten (*was muss ein Unternehmen leisten, um den Klimawandel einzudämmen?*). Letzterer Ansatz wird insbesondere von der **Science Based Targets (SBT)** Initiative propagiert, unter der sich bereits mehr als 600 Unternehmen weltweit zur Herleitung wissenschaftsbasierter Emissionsziele zusammengeschlossen haben.[117] Hintergrund ist die Beobachtung, dass eine rein potenzialbezogene Zielsetzung nicht ambitioniert genug ist, um das Problem des Klimawandels einzudämmen.

114 Vgl. SDG Compass (2019), S. 16.

115 Bei bedeutsamen Änderungen etwa in der Firmenstruktur kann eine (etwa Fusionen) sollte die Baseline neu festgesetzt werden, um weiterhin eine Vergleichbarkeit und Konsistenz der Daten zu gewährleisten SDG Compass (2019), S. 17.

116 Damit sind CO_2-Äquivalente gemeint, vgl. Abschnitt 3.3.

117 Vgl. Science Based Targets (2019).

Beispiel

Wie misst man Mitarbeiterzufriedenheit?

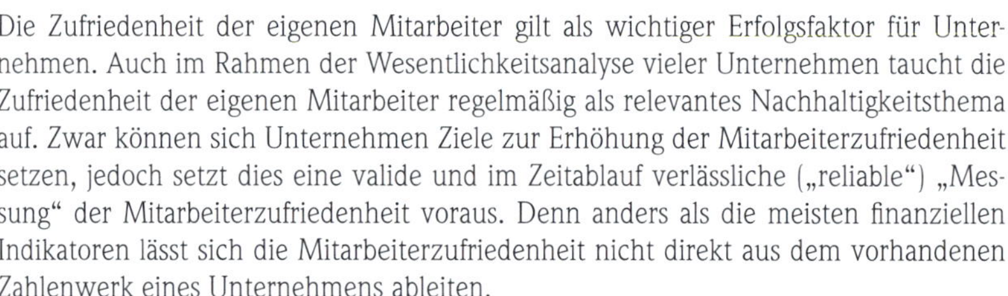

Die Zufriedenheit der eigenen Mitarbeiter gilt als wichtiger Erfolgsfaktor für Unternehmen. Auch im Rahmen der Wesentlichkeitsanalyse vieler Unternehmen taucht die Zufriedenheit der eigenen Mitarbeiter regelmäßig als relevantes Nachhaltigkeitsthema auf. Zwar können sich Unternehmen Ziele zur Erhöhung der Mitarbeiterzufriedenheit setzen, jedoch setzt dies eine valide und im Zeitablauf verlässliche („reliable") „Messung" der Mitarbeiterzufriedenheit voraus. Denn anders als die meisten finanziellen Indikatoren lässt sich die Mitarbeiterzufriedenheit nicht direkt aus dem vorhandenen Zahlenwerk eines Unternehmens ableiten.

Für die Messung der Mitarbeiterzufriedenheit gibt es nun verschiedene Ansätze. Zum einen können Unternehmen **quantitative Indikatoren** definieren. Viele Unternehmen nutzen etwa den standardisierten Fragebogen der Organisation **Great Place to Work®,** der 67 Fragen zur „erlebten Arbeitsplatzkultur" enthält, jedoch von Unternehmen auch mit eigenen Fragen ergänzt werden kann.[118] Dabei bewerten Mitarbeiter ihr Unternehmen in den Bereichen Glaubwürdigkeit, Respekt, Fairness, Stolz und Teamgeist, indem sie bewerten, zu welchen Grad vorformulierte Aussagen zutreffen (etwa „*Management is approachable and easy to talk with*").[119] Ein wesentlicher Vorteil dieses Vorgehens ist die Vergleichbarkeit sowohl im Zeitablauf als auch im Vergleich mit anderen Unternehmen. Allerdings kann es sein, dass die für ein Unternehmen wesentlichen Informationen aus den Ergebnissen des Fragebogens nicht hervorgehen.

Alternativ oder ergänzend zum quantitativen Ansatz kann es jedoch auch sinnvoll sein, zusätzliche **qualitative Informationen** zu erheben und bei der Beurteilung der Mitarbeiterzufriedenheit mit zu berücksichtigen. Mitarbeiter sind hierbei dazu aufgefordert, offene Fragen zu beantworten, und sich dadurch auch intensiver mit der Begründung ihres Urteils auseinanderzusetzen. Die Erhebung und Auswertung qualitativer Informationen ist zwar im Vergleich zu einem standardisierten Fragebogen deutlich aufwändiger, jedoch sind diese meist wertvoller, da sie wesentlich mehr Informationen zur Motivation und Begründung der Mitarbeiter enthalten und sich dadurch auch konkrete Maßnahmen zur Steigerung der Mitarbeiterzufriedenheit ableiten lassen.

Kontrolle der Zieleinhaltung: Der Grad der Zieleinhaltung muss regelmäßig kontrolliert werden und eventuelle Fehlentwicklungen begründet werden. Gerade für Ziele, die Unternehmen nur indirekt kontrollieren können, kann es trotz genauer Planung zur Abweichung von Zielpfad kommen. Beispielsweise können die CO_2-Emissionen eines Unternehmens durch externe Faktoren – z.B. aufgrund steigender Emissionen bei Zulieferern – ansteigen, obwohl das Unternehmen selbst seine direkten CO_2-Emissionen im Berichtszeitraum reduziert hat.

118 Vgl. Great Place to Work® (2019).

119 Great Place to Work (2017), S. 2.

Beispiel

Die **TAKKT AG** ist ein börsennotiertes Business-to-Business-Versandhandelsunternehmen für Geschäftsausstattungen, das in Deutschland etwa durch die Marke KAISER+KRAFT bekannt ist. Als Teil der Unternehmensmission hat das Unternehmen das Thema Nachhaltigkeit fest als Unternehmensziel verankert und konkrete Handlungsfelder und messbare Ziele definiert, die bis 2020 erreicht werden sollen.

Die Handlungsfelder umfassen die Bereiche **Einkauf, Marketing, Logistik, Ressourcen und Klima, Mitarbeiter und Gesellschaft**. Für jedes dieser Bereiche hat das Unternehmen mindestens eine Kennzahl und ein darauf bezogenes Ziel definiert[120], beispielsweise:

- **Einkauf**: Anteil des Einkaufsvolumens von zertifizierten Lieferanten 2020: 50–60 %
- **Marketing**: Anteil CO_2-neutrale Papierwerbemittel an der Gesamtauflage pro Jahr 2020: 100 %
- **Ressourcen und Klima:** Umweltmanagementsysteme für wesentliche Gesellschaften 2020: 10-13
- **Gesellschaft:** Anteil der Mitarbeiter mit der Möglichkeit der bezahlten Freistellung für gesellschaftliches Engagement 2020: 55-60 %

Seit 2012 veröffentlich das Unternehmen alle zwei Jahre einen **Nachhaltigkeitsbericht nach dem GRI Standard** (mit jährlichem Zwischenbericht), in dem für jedes der strategischen Nachhaltigkeitsziele der Grad der Zielerreichung dokumentiert ist und auf Erfolge und Herausforderungen bei der Erreichung eingegangen wird. Die TAKKT AG wurde für ihr Engagement insbesondere im Bereich Ressourcen und Klima im Jahr 2018 mit der Deutsche CSR Preis als nachhaltigstes Unternehmen in der Kategorie „ökologisches Engagement“ ausgezeichnet.

3.3.3 Der Stellenwert der CO_2-Bilanz im Nachhaltigkeitsbericht

Gesondert hervorgehoben werden muss die Rolle der CO_2-Bilanz bzw. des CO_2-Fußabdrucks[121] im Gesamtkontext der Nachhaltigkeitsberichterstattung. Zum einen gilt das Thema Klimaschutz als eine der **zentralsten Herausforderungen** unserer Zeit. Zum anderen ist es aber auch mit das einzige **universelle Nachhaltigkeitsthema**, das für jedes Unternehmen und jedes Produkt gleichermaßen relevant ist, während viele andere Nachhaltigkeitsthemen wie das Thema Fairtrade eher in bestimmten Branchen oder Sektoren relevant sind. So fordert auch das CSR-RUG eine CO_2-Bilanz als verpflichtenden Bestandteil jeder nichtfinanziellen Erklärung.

[120] Vgl. TAKKT (2019).

[121] Die Begriffe CO_2-Bilanz, Treibhausgasbilanz, Klimabilanz und CO_2-Fußabdruck werden hier weitgehend als Synonyme verwendet.

Eine CO_2-Bilanz ist eine Bestandsaufnahme aller Treibhausgase, für die ein Unternehmen durch seine wirtschaftliche Aktivität direkt oder indirekt verantwortlich ist. Grundlage für die Berechnung der CO_2-Bilanz sind die Standards des **Greenhouse Gas Protocol**[122] (GHG Protocol), einer vom World Resources Institute (WRI) und World Business Council for Sustainable Development (WBCSD) gegründeten Organisation. Insbesondere der *Corporate Accounting and Reporting Standard* des GHG Protocol genießt die Rolle eines internationalen de-facto Standards und wird oft mit dem Begriff GHG Protocol gleichgesetzt.[123] Auch andere klimabezogene Reporting-Standards wie das **GRI 305** oder die ISO Norm zur CO_2-Bilanzierung (**ISO 14064**) beziehen sich weitgehend auf das GHG Protocol.

Das GHG Protocol erinnert mit seinen Prinzipien der Relevanz, Vollständigkeit, Konsistenz, Transparenz und Genauigkeit an die Grundsätze ordnungsgemäßer Bilanzierung im Rechnungswesen:

- **Relevanz**: Das Prinzip der Relevanz schreibt vor, dass alle wesentlichen Emissionsquellen bei der Erstellung eines Carbon Footprints für ein Unternehmen berücksichtigt werden müssen.
- **Vollständigkeit**: Das Prinzip der Vollständigkeit besagt, dass alle relevanten Emissionsquellen innerhalb der Systemgrenzen berücksichtigt werden müssen und das Abweichungen vom Prinzip der Vollständigkeit – etwa aus Mangel an belastbaren Daten – in jedem Einzelfall zu begründen sind.
- **Konsistenz**: Um eine Vergleichbarkeit der Ergebnisse im Zeitverlauf zu ermöglichen, sollen die Bilanzierungsmethoden und Systemgrenzen festgehalten und in den Folgejahren beibehalten werden. Potenzielle Änderungen der Methodik und Systemgrenzen müssen benannt und begründet werden.
- **Genauigkeit**: Verzerrungen und Unsicherheiten sollen soweit wie möglich reduziert werden, damit die Ergebnisse eine solide Entscheidungsgrundlage bieten.
- **Transparenz**: Die Ergebnisse sollen transparent und eindeutig nachvollziehbar dargestellt werden.

Das GHG Protocol schreibt einen verbindlichen Prozess für die Erstellung einer CO_2-Bilanz vor. Beispielsweise muss definiert werden, welche Unternehmensteile für die Erstellung der CO_2-Bilanz berücksichtigt und welche Emissionsquellen in die Betrachtung mit einbezogen werden. Ein großes Augenmerk liegt auf der Erhebung der erforderlichen Daten im Unternehmen, etwa zu Kraftstoffverbräuchen, Geschäftsreisen oder den verarbeiteten Rohstoffen. Berücksichtigt werden alle relevanten Treibhausgase gemäß Kyoto-Protocol (siehe **Tab. 3.3**). Da sich die klimaschädliche Wirkung – das sog. Global Warming Potential – von Treibhausgasen bezogen auf die emittierte Menge stark unterscheidet, werden alle Treibhausgase als **CO_2-Äquivalente** in die Treibhausgasbilanz von Unternehmen übernommen.

122 Vgl. GHG (2019).

123 Daneben gibt es noch Ergänzungen zum Corporate Standard – etwa der *Scope 2* oder *Scope 3* Standard – sowie einen gesonderten Standard zur Bilanzierung von Produkten (*Product Standard*), vgl. GHG (2019).

Treibhausgas		Äquivalenz-Faktor	Ursachen
Kohlendioxid	CO_2	1	Verbrennung fossiler Brennstoffe (z.B. Kohle, Gas, Erdöl, Holz)
Methan	CH_4	21	z.B. aus Viehzucht, Reisanbau, Deponien
Distickstoffoxid	N_2O	296–310	Stickstoffdüngung, Deponien
Teilhalogenierte Fluorkohlenwasserstoffe	H-FKW/HFSs	140 –11.700	Aluminium-Produktion
Perfluorierte Kohlenwasserstoffe	FKW/PFCs	6.500–9.200	Kühlmittel, chemische Industrie
Schwefelhexafluorid	SF_6	23.900	durch Hochspannungsleitungen

Tab. 3.3 Treibhausgase gemäß Kyoto-Protokoll[124]

Eine Besonderheit des GHG Protocols stellen die drei Bereiche (**Scopes**) dar, in die die Emissionen eingeteilt werden:

- Scope 1: direkte Emissionen des Unternehmens
- Scope 2: indirekte Emissionen der Erzeugung von zugekauftem Strom, Dampf, Wärme, Kälte
- Scope 3: alle übrigen indirekten Emissionen (Herstellung und Transport von zugekauften Gütern, Nutzung der eigenen Produkte, Entsorgung von Abfällen, Geschäftsreisen etc.).

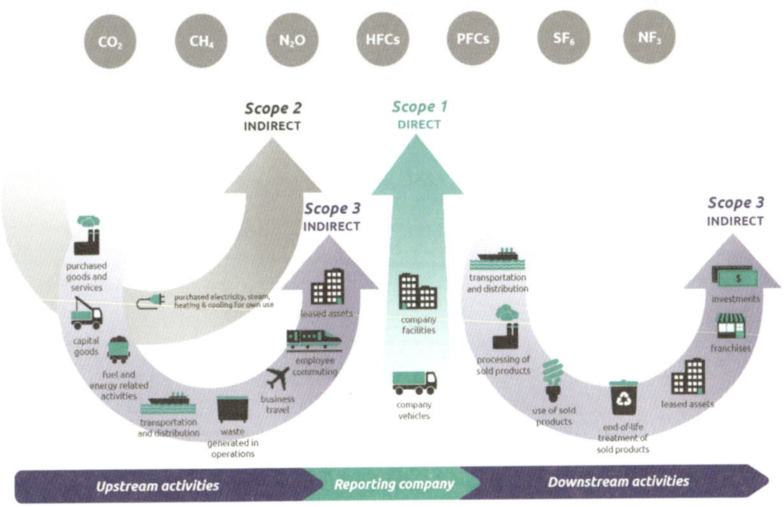

Abb. 3.22 Unterscheidung der drei „Scopes" des GHG Protocol[125]

[124] Quelle: Völker-Lehmkuhl, K. (2019).
[125] Quelle: GHG Protocol (2013), S. 6.

Gemäß GHG Protocol ist die Berücksichtigung aller Emissionen der Scopes 1 und 2 verpflichtend. Die in der Praxis teilweise sehr schwierige Einrechnung der Scope-3-Emissionen ist freiwillig, wird jedoch von immer mehr Unternehmen ebenfalls durchgeführt und ist auch Voraussetzung, um die CO2-Emissionen von Produkten und Dienstleistungen vollständig auszuweisen.

Um die Treibhausgasemissionen eines Unternehmens zu ermitteln, sind zum einen die **Verbrauchsdaten** des Unternehmens erforderlich. Dies sind beispielsweise die Energiedaten, aber auch etwa durchgeführte Flugreisen und eingekaufte Rohstoffe. Diese werden dann mithilfe sogenannter **Emissionsfaktoren** in Treibhausgasemissionen umgerechnet. Für wenige Datenpunkte liegen die Emissionsfaktoren bereits vor (insbesondere für Strom, da in Deutschland alle Energieversorger verpflichtet sind, die spezifischen CO_2-Emissionen des bezogenen Stromtarifs je kWh auf der Rechnung auszuweisen).[126] In den meisten Fällen werden jedoch modellhafte Werte aus wissenschaftlichen Datenbanken für die Umrechnung verwendet. In diesen Datenbanken sind für viele gängige Materialien oder Prozesse die durchschnittlichen CO_2-Emissionen der Herstellung bzw. Erbringung enthalten.[127] Auf Basis solcher Sekundärdaten lassen sich valide und standardkonforme Klimabilanzen erstellen, jedoch ist die Aussagekraft immer geringer als bei der Verwendung unternehmens- bzw. lieferantenspezifischer Daten. Ziel sollte es daher immer sein, im Zeitablauf den Anteil der Primärdaten zu erhöhen.

i

Hinweis:
Umrechnung von Verbrauchsdaten in Treibhausgasemissionen: Die Berechnung von Treibhausgasemissionen erfolgt in drei Schritten:

1. Erhebung der relevanten Verbrauchsdaten
2. Falls nötig: Umrechnung der Verbrauchsdaten in Bezugseinheit des Emissionsfaktors (z.B. von m^3 in kg)
3. Berechnung der Treibhausgasemissionen (CO_2-Äquivalente) nach der Formel: CO_2e [kg] = Menge [ME] x Emissionsfaktor [kg CO_2/ME]

3.4 Interne Dokumentation der Aktivitäten im Unternehmen

Eine große Herausforderung bei der Prüfung von Nachhaltigkeitsberichten ist die Vielzahl an Datenquellen, die für die Berichterstattung entlang der einzelnen Dimensionen notwendigerweise eine Rolle spielt. Auch die Datenqualität unterscheidet sich in vielen Fällen von der Qualität finanzieller Daten. Während praktisch alle Unternehmen weltweit zur Buchführung (und der Einhaltung damit einhergehender Dokumentationsauflagen) verpflichtet sind, existieren im Bereich der sozialen und ökologischen Nachhaltigkeit kaum Anforderungen an die Datenqualität oder -dokumentation.

Bezüglich der internen Dokumentation der nachhaltigen Unternehmensaktivitäten ist davon auszugehen, dass bei vielen Unternehmen Verbesserungspotenziale bestehen. Der Grund

126 Vgl. Bundesnetzagentur (2019).

127 Relevant sind hier insbesondere die Datenbanken ecoinvent (www.ecoinvent.org) und GEMIS (http://iinas.org/gemis-de.html).

liegt darin, dass seit Einführung der CSR-Berichtspflicht zwei völlig verschiedene Welten aufeinanderstoßen. Der beauftragte Wirtschaftsprüfer stammt aus einer sehr regulierten Berufswelt und arbeitet regelmäßig mit Mandanten zusammen, denen Belegnachweise, Aufbewahrungspflichten, Verfahrensbeschreibungen und -dokumentationen sehr vertraut sind. Im Bereich CSR trifft er auf Nachhaltigkeitsbeauftragte aus ganz anderen Berufsfeldern. Es gibt bisher nicht die eine typische Ausbildung im Bereich Nachhaltigkeit, sondern neben betriebswirtschaftlichen Ausbildungen und Nachhaltigkeitswissenschaften vielfältige Studiengänge wie beispielsweise Umweltwissenschaften, Landschaftsökologie oder -architektur, Forst- oder (Öko-)Agrarwissenschaften, Life-Science-Engineering, Kommunikationswissenschaften oder Interkulturelle Kommunikation, Soziologie, Bauingenieurwesen, Energie- oder Elektrotechnik oder Maschinenbau. Es ist davon auszugehen, dass zumindest in einigen dieser Studiengänge das Thema Dokumentation maximal eine untergeordnete Rolle spielt. Folglich sind in den Unternehmen in Sachen Nachhaltigkeit engagierte Mitarbeiter unterwegs, denen aber vielfach das Verständnis für eine umfassende Dokumentation fehlt.

Praxistipp:
Bei der Prüfung von Nachhaltigkeitsdaten auf deren Qualität ist folgendes zu beachten:

1. Dokumentation der Quelldaten: Sind die Datenquellen (z.B. Energieverbräuche) dokumentiert und zugänglich?
2. Dokumentation von Annahmen: Sind Annahmen (z.B. Mengenabschätzungen) hinreichend dokumentiert und plausibel?
3. Dokumentation von Berechnungsmodellen: Sind eventuelle Berechnungen (z.B. Umrechnung Verbrauchswerten in CO_2-Äquivalente) hinreichend dokumentiert? Sind Verweise auf externe Quellen (z.B. zu Emissionsfaktoren) vorhanden?
4. Bewertung der Datenqualität: Liegt eine Bewertung der Datenqualität vor?

Beispiel

Beispiel Berechnung der Treibhausgasemissionen von Kältemitteln

Nach GHG Protocol müssen Unternehmen in der Kategorie Scope 1 Treibhausgasemissionen ausweisen, die durch (technisch unvermeidbare) Leckagen von Kältemitteln aus Klima- und Kälteanlagen entstehen. Dies ist erforderlich, da Kältemittel je kg zum Teil eine um ein Vielfaches höhere treibhausschädige Wirkung haben als etwa das Gas CO_2. Für eine exakte Berechnung der Treibhausgasemissionen müssten Unternehmen also jedes Jahr ihre Leckagemengen je Kältemittel angeben. Häufig liegt dieser Wert jedoch nicht vor, daher kann als Alternative auf das Anlagenfüllgewicht zurückgegriffen werden und ein durchschnittlicher Leckage-Faktor nach Greenhouse Gas Protocol angesetzt werden (etwa 7%). Während beide Werte grundsätzlich valide sind, ist die Aussagekraft und Genauigkeit der ersten Variante wesentlich besser. Insbesondere bei Unternehmen, bei denen Kältemittel einen wesentlichen Anteil an der gesamten CO_2-Bilanz haben, sollte daher nach Möglichkeit darauf eingewirkt werden, in den Folgejahren die Kältemittelleckagen zu erfassen.

Ein großes Problem stellt häufig die fehlende Definition der verwendeten Datenquellen dar. In vielen Bereichen der Nachhaltigkeit gibt es einen relativ großen Spielraum in Bezug auf die möglichen Datenquellen.

Beispiel

Beispiel CO_2-Berechnung von Strom

Nach GHG Protocol und GRI 305 sind Unternehmen verpflichtet, im Mindesten über ihre direkten CO_2-Emissionen (Scope 1) sowie über indirekte CO_2-Emissionen durch die Energieerzeugung (Scope 2) zu berichten. Im Vergleich zu vielen anderen Emissionsquellen einer CO_2-Bilanz (etwa eingekaufte Rohstoffe) ist hier die Datenlage grundsätzlich als gut zu bewerten – Unternehmen haben typischerweise ihre Energieverbräuche gut dokumentiert. Dennoch gibt für die Berechnung der daraus resultierenden CO_2-Emissionen unterschiedliche Methoden und Ansätze[128], die teilweise im Ermessen des Unternehmens liegen, teilweise aber auch von Marktanforderungen vorgegeben werden. Folgende Varianten können dabei zur Anwendung kommen:

1. Berechnung auf Grundlage des individuellen Stromtarifs („market-based"):
2. Berechnung auf Grundlage des Standortes bzw. der Region („location-based"):
3. Berechnung anhand eines sog. „Residualfaktors"

Um gerade bei dezentral organisierten Unternehmen mit vielen Standorten oder Filialen eine effiziente und vor allen Dingen einheitliche Bereitstellung der notwendigen Daten zu ermöglichen, ist es daher zwingend erforderlich, die notwendigen Daten und die Berechnungsmethodik im Vorfeld z.B. anhand von Kennzahldefinition festzulegen.

Die Unternehmensleitung steht daher regelmäßig vor der Aufgabe, dafür Sorge zu tragen, dass auch die Nachhaltigkeitsabteilungen bzw. -beauftragten ihre Arbeit in einer Art und Weise dokumentieren, wie es in anderen Unternehmensbereichen üblich ist. Diese Dokumentation soll nicht nur als Prüfungsnachweis für den Aufsichtsrat und beauftragten Wirtschaftsprüfer dienen, sondern stellt bei Bedarf auch Belege für die Stakeholder bereit. Kunden können die Vorlage von Dokumenten verlangen, wenn sie nachhaltige Produkte oder Dienstleistungen (beispielsweise klimaneutrale) bezogen haben. Werden NGOs auf Unternehmensaktivitäten aufmerksam, kann es sehr ratsam sein, wenn Belege für das nachhaltige Handeln zur Verfügung stehen.

Hinweis:
Insbesondere Unternehmen, die unter die gesetzliche Berichtspflicht fallen oder ihre Nachhaltigkeitsberichterstattung prüfen lassen, ist daher dringend anzuraten, ihr gesamtes nachhaltiges Engagement sorgfältig zu dokumentieren.

[128] Die Bilanzierung von fremderzeugter Energie ist im Scope 2 Standard des GHG Protocol ausführlicher geregelt. Die Anwendung dieses Standards ist jedoch nicht verbindlich, sodass in der Praxis teilweise noch eine große methodische Vielfalt existiert.

Das zu dokumentierende nachhaltige Engagement umfasst alle Bereiche des nachhaltigen Handels:

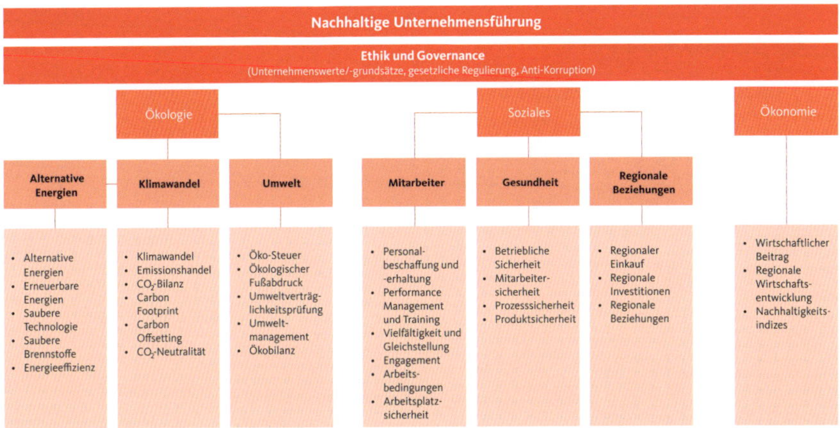

Abb. 3.23 Nachhaltige Unternehmensführung (Quelle: EY).[129]

Die Unternehmensleitung sollte Dokumentationsverfahren implementieren, die sämtliche Aktivitäten in allen Bereichen der Nachhaltigkeit umfassen. Dies kann durch die Implementierung eines internen **Nachhaltigkeits-Managementsystems** erfolgen, das neben der Unterstützung des Unternehmens bei der nachhaltigen Unternehmensführung auch die prüfungssichere Speicherung unternehmensinterner Nachhaltigkeitsdokumente abdeckt.

Zusätzlich zur Implementierung eines Dokumentationsverfahrens sollte die Unternehmensleitung ihre Nachhaltigkeitsbeauftragten bezüglich der Grundsätze ordnungsgemäßer Dokumentation schulen und entsprechende Arbeitsanweisungen verfassen. Zu nennen wäre beispielsweise:

- **Gesprächsnotizen**, Gesprächs-, Meeting und Begehungs**protokolle** sind zeitnah mit Angaben der Gesprächspartner, Datum und Unterschrift zu verfassen und idealerweise von den Gesprächspartnern gegenzuzeichnen.
- **Kontrollen** und Inspektionen sind mit Ort, Datum, Uhrzeit, Beteiligten, Methoden, Stichprobenauswahl, eindeutiger Kennzeichnung der Stichprobe, Prüfungsergebnis, Unterschrift zu dokumentieren.
- **Verträge** müssen vollständig, in endgültiger, unterschriebener und unveränderbarer Version in einer gängigen Sprache bzw. fachgerechter Übersetzung vorliegen. Offene Worddateien, Vertragsannahme durch Messenger-Nachrichten, Übersetzungen lediglich von Schlüsselwörtern genügen nicht.

[129] Quelle: EY (2012).

- **Berechnungen** wie CO_2-Bilanzen müssen nachvollziehbar dokumentiert werden. Das Abspeichern einer offenen Excel-Datei, die für nachfolgende Berechnungen überschrieben wird, verhindert, dass die Berechnung später nachvollzogen kann. Werden Berechnungstools eingesetzt, so sind sowohl Input-Faktoren wie Ergebnisse unveränderbar zu dokumentieren.

Die **Unveränderbarkeit der Dokumentation** ist zur späteren Vorlage bei Prüfern, Kunden, NGOs oder anderen Stakeholdern unverzichtbar. Werden beispielsweise CO_2-Berechnungen verändert oder überschrieben, hat das Unternehmen später einem kritischen Stakeholder, der die vollständige **Klimaneutralität** anzweifelt, nicht viel entgegenzusetzen.

Dass **Protokolle** und Notizen stets mit Ort, Datum, Teilnehmern und Unterschrift zu versehen sind, klingt sehr buchhalterisch oder spießig bis man sich folgendes Beispiel vor Augen hält.

Beispiel
Ein Unternehmen lässt in einem Entwicklungsland, in dem **Kinderarbeit** vorkommt, Kleidung produzieren. Die Nachhaltigkeitsbeauftragte hat nicht nur Bestätigungen, dass keine Kinderarbeit vorliegt, eingeholt, sondern beschließt einen Ortstermin, der bei der Fabrik vorab angekündigt wird. Beim Ortstermin herrschen in der Fabrik vorbildliche Zustände. Es sind keine Kinder tätig. Einige Monate später, nachdem die Nachhaltigkeitsbeauftragte das Unternehmen verlassen hat, ist das Unternehmen im Fokus einer kritischen Fernsehsendung. Die im Beitrag gezeigten sklavenähnlichen Zustände mit Kinderarbeit bringen das Unternehmen in Erklärungsnot. Letztendlich kann der CEO nur etwas von einer ehemaligen Mitarbeiterin, die einmal vor Ort war, stottern, da keine Protokolle aufzufinden sind. Lägen Protokolle vor, wäre die Situation immer noch schwierig, aber das Unternehmen hätte deutlich bessere Argumente und bessere Möglichkeiten gezielt gegen die Verantwortlichen in der Fabrik anzugehen.

Verträge sollten nicht nur in finaler, unveränderbarer Form vorliegen, sondern bei Wesentlichkeit auch von versierten Juristen geprüft werden.

Beispiel
In vielen Ländern herrscht **Korruption**. Erwirbt man dort Klimaschutzzertifikate, so ist nicht auszuschließen, dass die Gelder auf Konten korrupter Beamter und Regierungsmitglieder und nicht in die Klimaschutzprojekte fließt. Dieses Risiko kann man vermeiden, indem man nach anerkannten Standards zertifizierte Klimaschutzzertifikate von einem erfahren und seriösen Händler kauft. Möchte man direkt im Entwicklungsland kaufen, muss man bezüglich aller etwaiger Ungereimtheiten sehr wachsam sein. Da die Gegenseite im Regelfall in unlauteren Machenschaften sehr erfahren ist, sollte man ähnlich erfahrenen, aber seriösen Rat hinzuziehen.

4 Herausforderungen und Lösungsansätze im Bereich der Nachhaltigkeitskommunikation: Beispiele aus der Praxis

Nachhaltig richtig kommunizieren – diesen Anspruch zu erfüllen, fällt Unternehmen nicht immer leicht. Grundsätzlich stellt sich hierbei zunächst die Frage, ob es so etwas wie die eine **„richtige" Nachhaltigkeitskommunikation** überhaupt gibt, oder ob es nicht vielmehr viele verschiedene Möglichkeiten gibt, die eigenen Nachhaltigkeitsbemühungen erfolgreich zu kommunizieren. Auch können sich die Ziele von Unternehmen im Bereich der Nachhaltigkeitskommunikation stark unterscheiden. Sind manche Unternehmen bereits damit zufrieden, ihre Berichtspflicht im Bereich Nachhaltigkeit ordnungsgemäß erfüllt zu haben, haben andere Unternehmen wesentlich höher gesteckte Ziele, sehen die Nachhaltigkeitskommunikation als wesentlichen Bestandteil ihres Leistungs- und Markenversprechens.[130]

Insgesamt wird auch deutlich, dass die Nachhaltigkeitskommunikation eine noch sehr junge Disziplin ist, die sich noch stark im Fluss und in der Entwicklung befindet. Reichte vor wenigen Jahren noch die Veröffentlichung einer **Umwelterklärung**[131] aus, damit sich Unternehmen positiv im Wettbewerb differenzieren können, ist heute eindeutig ein Trend zu einer wesentlich **zielgruppenorientierteren Nachhaltigkeitskommunikation** zu erkennen, die weit über den Reporting-Gedanken hinausgeht und zielgerichtet viele unterschiedliche Kommunikationskanäle nutzt.

Im folgenden Kapitel werden einige Erfolgsfaktoren und Herausforderungen der Nachhaltigkeitskommunikation dargestellt und anhand von Beispielen illustriert. Die hier behandelten Faktoren erheben keinen Anspruch auf Vollständigkeit – sicherlich ließen sich noch unzählige weitere Faktoren identifizieren. Es werden jedoch gezielt solche Faktoren thematisiert, die in engem Bezug zur Nachhaltigkeitsberichterstattung stehen und damit auch starke Berührungspunkte zum Beratungs- und Prüfmandat des Wirtschaftsprüfers haben. Für einen generellen Überblick über strukturelle und kommunikative Erfolgsfaktoren in der Nachhaltigkeitskommunikation, siehe **Abb. 4.1**.

130 Zu den unterschiedlichen Motivationen der Nachhaltigkeitskommunikation vgl. etwa IÖW (2015), S. 12.

131 Die Umwelterklärung ist ein Begriff insbesondere aus dem EMAS („Eco Management and Audit Scheme") Umweltmanagement System, vgl. EMAS (2019).

Strukturelle Erfolgsfaktoren	Kommunikative Erfolgsfaktoren
Interne Positionierung zu gesellschaftlichem Engagement (top-down, bewusster Implementierungsprozess, Formulierung strategischer Ziele)	Fit von Kerngeschäft/Unternehmenstätigkeit und gesellschaftlichem Engagement
Institutionalisierung von CR in eigenständiger Fachabteilung	Fit von Wort und Tat, d.h. von tatsächlichem Engagement und Kommunikation
Enge Zusammenarbeit zwischen CR- und Kommunikationsabteilung oder Anschluss der CR-Abteilung an die Unternehmenskommunikation	Transparenz (Offenheit, Faktentreue, unabhängige Zertifizierung/Orientierung an Leitlinien und Kodizes)
Weitere Institutionalisierung in CR-Beirat/Kommission, dem wichtige Entscheidungsträger (Vorstandsmitglieder) angehören	Glaubwürdigkeit (Langfristigkeit des Engagements, Widerspruchsfreiheit der Kommunikation mit verschiedenen Stakeholdern)
Integration von CR in Strategiepapiere / Verankerung von CR in Unternehmenskultur (Unternehmenswerte; Guidelines, Verhaltenskodizes, Compliance)	Dialogorientierung
Langfristige Zielsetzung des gesellschaftlichen Engagements	Direkte Nachvollziehbarkeit des Engagements für Stakeholder (kommunikative Übersetzung abstrakter Ziele, Emotionalität der Kommunikation, Interaktion & Konkretisierung)
Orientierung an Standards und Rahmenrichtlinien; externe Evaluation	

Abb. 4.1 Überblick: Strukturelle und kommunikative Erfolgsfaktoren in der Nachhaltigkeitskommunikation (Quelle: Röttger und Schmitt 2014).[132]

4.1 Erfolgsfaktoren bei der Nachhaltigkeitskommunikation

4.1.1 Fokus auf relevante Themen

Betrachtet man die Vielfalt der möglichen Themen alleine des GRI Standards[133], so wird deutlich wie komplex und diffus das Thema Nachhaltigkeit schnell werden kann. Gleichzeitig zeigt sich dadurch auch deutlich die wichtige Funktion der Wesentlichkeitsanalyse in der Eingrenzung und Priorisierung der möglichen Themen.

Die **Wesentlichkeitsanalyse** steht im **Zentrum** jeder Nachhaltigkeitsstrategie. Durch sie ergeben sich der Umfang der Nachhaltigkeitsstrategie und die Handlungsfelder und Schwerpunkte, die sich ein Unternehmen im Bereich Nachhaltigkeit setzt (siehe 3.3.1). Gleichzeitig lassen sich aus ihr konkrete Zielformulierungen und Management-Ansätze ableiten. Die Wesentlichkeitsanalyse ist also von entscheidender Bedeutung für die Art und Weise, wie Unternehmen das Thema Nachhaltigkeit für sich definieren und managen. In der Praxis jedoch können folgende Probleme mit der Wesentlichkeitsanalyse oder dem Umgang von Unternehmen mit den Ergebnissen der Wesentlichkeitsanalyse auftreten:

Die Beobachtung aus der Praxis ist, dass zumindest einige Unternehmen sich nicht leicht damit zu tun, Themen auszuklammern und sich in der Folge nur auf die wirklich relevan-

132 Vgl: Röttger und Schmitt (2014), S. 26.

133 Siehe insbesondere die Auflistung der vom GRI behandelten Themen in Abschnitt 7.

ten Themen zu konzentrieren.[134] In gewisser Weise steht das Prinzip der Relevanz auch in einem **strukturellen Zielkonflikt** zum Prinzip der Vollständigkeit, dem sich viele Unternehmen aus Gründen der Glaubwürdigkeit verpflichtet fühlen und das beispielsweise auch der *Comprehensive* Option des GRI zugrunde liegt. Die Angst, dafür kritisiert zu werden, dass ein möglicherweise relevantes Thema ausgeklammert wurde, führt in der Tendenz dazu, dass häufig zu viele Themen auf einmal – und ohne klare Priorisierung – auf die Agenda gesetzt werden. Das verwässert zum einen die Nachhaltigkeitsbotschaft eines Unternehmens und schmälert oft auch den positiven *Impact*, den ein Unternehmen im Bereich Nachhaltigkeit entfalten kann.

Doch es gibt auch den umgekehrten Fall, bei dem Unternehmen zwar die Relevanz auf analytischer Ebene richtig eingrenzen, die **Wesentlichkeitsanalyse** jedoch dann bei der Umsetzung der Nachhaltigkeitsstrategie **kaum berücksichtigt** wird. Eine Studie des CSR-Beratung Scholz & Friends Reputation kommt daher zu dem Schluss, dass das volle Potenzial der Wesentlichkeitsanalyse in der Praxis nur selten ausgeschöpft wird und diese häufig erstaunlich losgelöst von den strategischen Zielen und Ausrichtungen von Unternehmen im Bereich Nachhaltigkeit ist. Auch würden viele Unternehmen – angelehnt das das Prinzip der Materialität aus dem Rechnungswesen – die Wesentlichkeit vorrangig aus Sicht des Unternehmens beurteilen und dabei die Auswirkungen der Geschäftstätigkeit auf Umwelt und Gesellschaft und deren Einfluss auf die Entscheidungen von Stakeholdern nicht adäquat berücksichtigen.[135] Daher dränge sich die Frage auf, *„ob es sich bei den Analysen dann nicht um eine fruchtlose Übung handelt und Wesentlichkeitsmatrizen in ihrer jetzigen Form nutzlos sind.“*[136]

Damit aus der Wesentlichkeitsanalyse also ein Erfolgsfaktor für die Nachhaltigkeitskommunikation werden kann, ist es erforderlich, diese beiden Probleme zu vermeiden – also sich zum einen in der Analyse auf die wirklich relevanten Themen konzentrieren, diese dann aber auch prominent und effektiv in die Nachhaltigkeitsstrategie (und begleitenden Kommunikation) einbinden.

Beispiel

Die **Hassia Mineralquellen GmbH** ist ein mittelständischer Getränkehersteller aus Bad Vilbel, der sich seit über 150 Jahren in Familienbesitz befindet. Ursprünglich überwiegend durch regionale Marken positioniert, hat sich das Unternehmen in den letzten Jahrzehnten durch Zukäufe (u.a. von „Bionade“) und den Markteintritt in anderen Regionen zu einem der bundesweit führenden Mineralbrunnen entwickelt.

Das Thema Nachhaltigkeit spielt für das Unternehmen schon seit längerem eine zentrale Rolle in der Unternehmensphilosophie und es wurden in der Vergangenheit schon zahlreiche interne Energiesparmaßnahmen umgesetzt und CO_2-Reduktionspotenziale ausgeschöpft (z.B. die Umstellung auf Ökostrom). Durch eine sortimentsbezogene CO_2-Bilanzierung und Hotspot-Analyse, die gemeinsam mit einem spezialisierten Bera-

[134] Interessante – wenngleich nicht wissenschaftliche – Ausführungen dazu finden sich im Magazin StartingUp (2019).

[135] Vgl. insbesondere Taubken und Feld (2017), S. 2ff.

[136] Taubken und Feld (2017), S. 4.

tungsunternehmen im Bereich Klimaschutz durchgeführt wurden, wurde die Relevanz weiterer Einflussfaktoren – insbesondere Verpackung und Distribution – bestätigt. Für Hassia haben sich dadurch zwei relevante Handlungsfelder ergeben: der weitere Ausbau des Mehrweg-Anteils bei den Verpackungen und die selektive Kompensation nicht vermeidbarer CO_2-Emissionen.

Diese Erkenntnisse haben dem Unternehmen geholfen, eine zielgerichtete Neugestaltung der Marktpositionierung für die Kernmarke Hassia vorzunehmen. Dies beinhaltet zum einen den vollständigen **Verzicht auf Einwegflaschen** für die Marke Hassia und zum anderen die Positionierung der Marke **klimaneutrales Mineralwasser**. Auch die Kommunikationsstrategie wurde zielgruppenspezifisch auf diese Thematik ausgerichtet und geht weit über ein reines Nachhaltigkeits-Reporting hinaus. Die gesamte markenbezogene Nachhaltigkeitskommunikation wird unter einer eigenen Dachmarke zum Thema Nachhaltigkeit gebündelt und ist damit für die Zielgruppen einfach zugänglich. Die wichtigsten produktbezogenen Nachhaltigkeitseigenschaften finden sich auch durch entsprechende Labels direkt auf den Produkten.

Insgesamt hilft diese Fokussierung in der Kommunikation auf wenige relevante Themen dem Unternehmen erheblich bei der zielgerichteten Kommunikation seiner Nachhaltigkeitsbotschaft.

4.1.2 Transparenz und Glaubwürdigkeit in der Kommunikation

Die Wahrung von Transparenz und Glaubwürdigkeit in der Kommunikation ist eine entscheidende Grundvoraussetzung für erfolgreiche Nachhaltigkeitskommunikation. Unternehmen, die insgesamt als glaubwürdig wahrgenommen werden, laufen weniger Gefahr, dem Vorwurf des „Greenwashing" (siehe 4.2.2) ausgesetzt zu sein. Transparenz ist dabei eine notwendige, jedoch keine hinreichende Bedingung für Glaubwürdigkeit (ohne Transparenz keine Glaubwürdigkeit, aber Transparenz allein reicht noch nicht aus, um als glaubwürdig wahrgenommen zu werden). Beide Aspekte müssen daher unabhängig voneinander betrachtet werden und von Unternehmen auf unterschiedliche Weise gesteuert werden.

Transparenz

Die Anforderung der Transparenz verlangt von Unternehmen nach außen offen, nachvollziehbar, vollständig und ehrlich über ihre Ziele, Maßnahmen und Herausforderungen zu berichten.

Transparenz ist plan- und steuerbar und teilweise meist gewährleistet, wenn Unternehmen die verschiedenen Standards wie GRI, GHG-Protokoll etc. konsequent und sachlich korrekt anwenden. Transparenz nach außen erfordert jedoch auch interne Transparenz. Das beinhaltet zum einen eine ordnungsgemäße Dokumentation der Aktivitäten im Unternehmen (siehe Seite 3.4), zum anderen aber auch eine ehrliche Bewertung der Datenqualität und das Aufzeigen konkreter Verbesserungspotenziale für die Zukunft. Die Herausforderung besteht darin, dass es für Nachhaltigkeitsindikatoren unterschiedliche Datenquellen und -qualitäten, auf deren Basis ein Ergebnis ermittelt werden kann.

Glaubwürdigkeit: Glaubwürdigkeit ist kein Reporting-Prinzip und auch keine Eigenschaft eines Unternehmens, sondern eine (subjektive) Wahrnehmung einer bestimmten Stakeholder-Gruppe bezogen auf ein Unternehmen. Ein Unternehmen wird dann als glaubwürdig wahrgenommen, wenn dessen Kommunikation mit der „erlebten Realität" des Betrachters übereinstimmt: „Je größer die Diskrepanz zwischen der Kommunikation und der erlebten Realität, desto stärker ist der Vertrauensverlust, der sich [...] bei den Beteiligten einstellen kann."[137] Glaubwürdigkeit hängt jedoch auch vom Geschäftsmodell und dem Branchenumfeld eines Unternehmens ab. In den Augen mancher Betrachter kann ein Unternehmen, dessen Geschäftsmodell an sich nicht nachhaltig ist, niemals als glaubwürdig im Bereich der Nachhaltigkeitskommunikation wahrgenommen werden – zumindest dann nicht, wenn das Unternehmen keine Bereitschaft zeigt, das Geschäftsmodell zu ändern.[138]

Um die eigene Glaubwürdigkeit zu erhöhen, müssen sich Unternehmen daher intensiv mit den Wahrnehmungen und Erwartungen ihrer Stakeholder auseinandersetzen und diese im Rahmen ihrer Nachhaltigkeitsstrategien auch umfassend berücksichtigen. Transparenz bedeutet hier insbesondere auch, über die Schwachstellen und Probleme des eigenen Geschäftsmodelles zu berichten und glaubwürdige Ansätze und Ziele aufzuzeigen, wie diese zukünftig behoben werden.

Beispiel

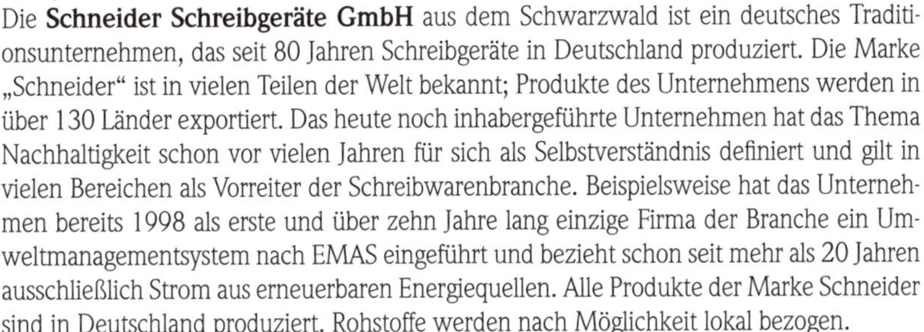

Die **Schneider Schreibgeräte GmbH** aus dem Schwarzwald ist ein deutsches Traditionsunternehmen, das seit 80 Jahren Schreibgeräte in Deutschland produziert. Die Marke „Schneider" ist in vielen Teilen der Welt bekannt; Produkte des Unternehmens werden in über 130 Länder exportiert. Das heute noch inhabergeführte Unternehmen hat das Thema Nachhaltigkeit schon vor vielen Jahren für sich als Selbstverständnis definiert und gilt in vielen Bereichen als Vorreiter der Schreibwarenbranche. Beispielsweise hat das Unternehmen bereits 1998 als erste und über zehn Jahre lang einzige Firma der Branche ein Umweltmanagementsystem nach EMAS eingeführt und bezieht schon seit mehr als 20 Jahren ausschließlich Strom aus erneuerbaren Energiequellen. Alle Produkte der Marke Schneider sind in Deutschland produziert. Rohstoffe werden nach Möglichkeit lokal bezogen.

Um diese Maßnahmen transparent und glaubwürdig zu kommunizieren, hat das Unternehmen seine gesamte Nachhaltigkeitskommunikation unter einer eigenen Nachhaltigkeitsmarke „We Care" eingeführt. Dies bietet Schneider eine Plattform, um seine Kunden uns sonstigen Zielgruppen über die produkt- und unternehmensbezogene Kommunikation hinaus auf die eigenen Aktivitäten aufmerksam zu machen. Auf Produktebene setzt Schneider zudem auf das Attribut „klimaneutral" für Teile seines Sortiments. Dass dieses Kommunikationskonzept aufgeht zeigt unter anderem die Nominierung für den deutschen Nachhaltigkeitspreis 2020 in der Kategorie „mittelgroße Unternehmen".[139]

137 Vgl. Wagner et.al. (2017), S. XII.

138 Interessant ist hier die Unterscheidung zwischen „CSR als Business Case" im Vergleich zu „CSR jenseits des Business Case", siehe Secka (2015), S. 64. Aktuell wird diese Debatte auch von der Publikation (mit gleichnamigen Kinofilm) „Die grüne Lüge" geführt (Hermann (2018)).

139 Vgl. Deutscher Nachhaltigkeitspreis 2019.

4.2 Herausforderungen bei der Nachhaltigkeitskommunikation

4.2.1 Der richtige Umgang mit Zielkonflikten

Bei der Ausarbeitung oder Umsetzung einer Nachhaltigkeitsstrategie trifft jedes Unternehmen an irgendeinem Punkt fast unweigerlich auf Zielkonflikte. Zielkonflikte sind dem Begriff der Nachhaltigkeit sogar inhärent – so zielt die gängige Darstellung von Nachhaltigkeit als „Dreieck" oder Spannungsfeld zwischen den Dimensionen Ökonomie, Ökologie und Soziales darauf ab, die Spannungen zwischen den einzelnen Dimensionen deutlich zu machen.[140]

Zielkonflikte werden in der Literatur auf unterschiedlichen Ebenen diskutiert: Zum einen geht es dabei um Zielkonflikte, die sich als Folge unseres Wirtschaftssystems zwangsläufig ergeben, eher langfristig angelegt sind und sich beispielsweise mit dem Wachstumsprinzip als Grundlage unserer Wirtschaftsordnung auseinandersetzen (in der Folge „Systemische Zielkonflikte"). Zum anderen kann es um Zielkonflikte gehen, die sich konkret aufgrund der strategischen Ausrichtung eines Unternehmens ergeben, bei der verschiedene strategische Ziele eines Unternehmens im Konflikt zueinanderstehen (in der Folge „strategische Zielkonflikte"). Auch in der Umsetzung von Nachhaltigkeitsstrategien können Zielkonflikte auftreten, beispielsweise bei der Allokation von (potenziell knappen) Ressourcen auf verschiedene Unternehmensbereiche (in der Folge „operative Zielkonflikte"):[141]

Systemische Zielkonflikte: Systemische Zielkonflikte beziehen sich auf die langfristigen negativen Auswirkungen des globalen Wirtschaftssystems. Bereits Anfang der 1970er-Jahre kam mit der Debatte um das Thema „Die Grenzen des Wachstums" die Frage auf, wie nachhaltig das globale Wirtschaftsmodell insgesamt ist. Dort wurde erstmals die These formuliert, dass ein Wirtschaftssystem, das auf ständiges Wachstum ausgelegt, innerhalb kürzester Zeit zur Übernutzung aller Ressourcen führt und sich damit innerhalb weniger Generationen seiner eigenen Wirtschaftsgrundlage beraubt.[142] Heute wird diese Diskussion generell unter dem Stichwort „Planetary Boundaries" geführt.

Beispiel

Systemische Zielkonflikte spielen besonders für Unternehmen eine Rolle, deren Geschäftsmodell in der allgemeinen Wahrnehmung als im ökologischen oder sozialen Sinne nicht nachhaltig gilt. Als Beispiel können etwa **Mineralölkonzerne** gelten. Hier weicht das Kerngeschäft – die Förderung und der Verkauf fossiler Brennstoffe – eindeutig von Ziel des Klimaschutzes ab. Gleichzeitig ist der Handlungsspielraum von Mineralölkonzernen bei der nachhaltigen Gestaltung des eigenen Geschäftsmodells zumindest kurzfristig erheblich geringer als etwa bei produzierenden Unternehmen,

140 Vgl. IHK (2019).

141 Die drei Begriffe kommen in der Literatur in unterschiedlichen Zusammenhängen vor, sind jedoch nicht auf den Nachhaltigkeitssektor beschränkt. Für *systemische Zielkonflikte* (im Kontext der Europäischen Union) siehe etwa Zapka (2019). Der Begriff *strategische Zielkonflikte* ist in der Literatur weit verbreitet, wird aber auch nicht gezielt auf den Nachhaltigkeitssektor angewendet.

142 Vgl. Meadows et.al. (1972). Für eine Überprüfung und Adaptierung siehe Meadows et.al. (2004).

die diesen Zielkonflikt etwa durch die Umstellung auf nachhaltige Rohstoffe und Änderungen ihrer Prozesse zumindest theoretisch entschärfen können.

Dennoch gibt es auch für Mineralölkonzerne durchaus Handlungsspielräume. Im ersten Schritt ist es etwa wichtig, den Zielkonflikt anzunehmen und klar zu benennen. Im zweiten Schritt können dann entsprechende mittel- und langfristige Ziele definiert werden, um die Abhängigkeit von fossilen Brennstoffen zu reduzieren. Drittens können daraus konkrete Maßnahmen und Planungen abgeleitet werden. Ein Beispiel, diesen Zielkonflikt anzunehmen, bildet etwa die Umbenennung des staatlichen norwegischen Ölkonzerns *Statoil* in **Equinor**, die 2017 beschlossen wurde. Mit der Umbenennung soll die 2016 beschlossene, neue Unternehmensstrategie, die einen Wandel des Unternehmens von einem Ölkonzern hin zu einem breit aufgestellten Energieunternehmen vorsieht, verdeutlicht werden.[143]

Strategische Zielkonflikte: Weitaus unmittelbarer können Unternehmen von Zielkonflikten betroffen sein, bei der sich bestimmte Aspekte der eigenen Nachhaltigkeitsstrategie gegenseitig widersprechen. Diese Zielkonflikte können bewusst oder unbewusst vorliegen (versteckte Zielkonflikte).

Beispiel

Ein einfaches Beispiel für einen Zielkonflikt stellt die Verwendung von Recycling-Papier dar. Viele Unternehmen haben seit den 1990er-Jahren große Anstrengungen unternommen, um von regulärem Frischfaser-Papier auf Recycling-Papier umzustellen. Jedoch ist es häufig der Fall, dass Recycling-Papier höhere CO_2-Emissionen in der Herstellung verursacht als Frischfaserpapier. Grund dafür ist der größere Aufwand in der Sammlung, Sortierung und Aufbereitung des Rohstoffes (sog. „de-inking") im Vergleich zu Frischfaserpapier. Während man nun durch die Umstellung auf Recycling-Papier natürliche Ressourcen schont und die Kreislaufwirtschaft unterstützt (was jeweils unabhängig als Nachhaltigkeitsziel definiert werden kann), erhöht man dadurch gleichzeitig die CO_2-Bilanz des eigenen Unternehmens. Ob die Maßnahme „richtig" oder „falsch" ist, kann nur beurteilt werden, wenn man die Priorisierung des Unternehmens zugrunde legt.

Operative Zielkonflikte: Auch bei der Umsetzung von Strategien – auf organisatorischer Ebene – können Zielkonflikte entstehen.

Eine wichtige Voraussetzung dafür, dass sich ein Unternehmen bewusst mit einem Zielkonflikt auseinandersetzen kann, ist zunächst die Kenntnis des Zielkonfliktes. Die Existenz eines Zielkonfliktes ist Unternehmen nicht in allen Fällen bewusst.

143 Vgl. Equinor 2017.

Praxistipp:
In der Praxis hat sich folgende Strategie zum Umgang mit Zielkonflikten bewährt:

1. **Zielkonflikte identifizieren**: Um versteckte Zielkonflikte zu vermeiden, sollten Unternehmen ihre Nachhaltigkeitsziele- und Maßnahmen bewusst auf mögliche Zielkonflikte hin untersuchen. Je nach Bereich kann dies methodisch mitunter sehr anspruchsvoll sein bzw. entsprechendes Fachwissen erfordern. Dennoch sollte eine Bewertung für die wichtigsten Nachhaltigkeitsziele vorgenommen werden, da eine Nachhaltigkeitsstrategie nur so ihre Wirkung voll entfalten kann.
2. **Prioritäten setzen:** Nachdem Zielkonflikte identifiziert wurden, sollte eine informierte und begründete Abwägung bzw. Priorisierung erfolgen. Es sollte dargelegt werden, warum ein Ziel trotz möglicher Zielkonflikte weiterverfolgt wird weshalb es gerechtfertigt erscheint, die negativen Auswirkungen eines Nachhaltigkeitsziels in Kauf zu nehmen. Möglicherweise können auch Kompromisse oder Alternativen gefunden werden, um den Zielkonflikt zu entschärfen.
3. **Entscheidung begründen:** Sobald sich ein Unternehmen für eine Priorisierung entschieden hat, sollte diese auch transparent begründet und entsprechend kommuniziert werden.

4.2.2 Vermeiden der „Greenwashing"-Falle

Eine besondere Herausforderung nachhaltigen wirtschaftlichen Handelns besteht stets in dem sehr schmalen Grat zwischen nachhaltigem Handeln und dem so genannten Greenwashing. Unter Greenwashing oder Green Lies (Grüne Lügen) versteht man die Täuschung der Kunden oder Verbraucher über ein umweltfreundliches oder verantwortungsbewusstes Image eines Produkts oder Unternehmens, das aber in Wirklichkeit ziemlich umweltschädlich ist. Ein einzelner nachhaltiger Aspekt des Produkts wird für Werbezwecke hervorgehoben, andere beispielsweise umweltschädliche Aspekte werden hingegen verschwiegen. Greenwashing umfasst nicht nur die Verbreitung von Halb- oder Unwahrheiten, den grünen Lügen, sondern auch die die Überbetonung von nachrangigen nachhaltigen Aspekten. Dies ist der Fall, wenn relativ geringe Teilbereiche eines Unternehmens oder einer Produktion nachhaltig gestaltet werden, dies in Werbe- oder PR-Maßnahmen stark betont wird, das Unternehmen oder Produkt in seiner Gesamtheit aber nicht als nachhaltig einzustufen ist.

Beispiel
Ein Beispiel hierfür ist Palmöl, das als sehr preiswertes Öl in sehr vielen industriell verarbeiteten Lebensmitteln zu finden ist. Anbauflächen für Palmöl werden regelmäßig durch Brandrodung tropischer Regenwälder gewonnen, was weitreichende Folgen für den Klimaschutz und die Biodiversität hat. Abgeholzter Regenwald bietet die idealen Voraussetzungen zum Anbau von Palmölplantagen. Um dem negativen Image von Palmöl entgegen zu wirken wird für nachhaltiges Palmöl geworben. Dieses „nachhaltige Palmöl" unterscheidet sich aber nur geringfügig vom übrigen Palmöl, da nur winzige Teilbereiche der Palmölherstellung nachhaltig gestaltet werden, wie die faire

Entlohnung der Arbeitskräfte oder verringerter Einsatz von Pestiziden. Diese nachhaltigen Faktoren führen unter Umständen zu einem deutlich erhöhten Preis, ändern aber nichts an der Tatsache, dass für den Anbau des Palmöls Regenwald abgeholzt wurde.

Beispiel

Ein weiteres Beispiel ist Kaffee, der in vielerlei Hinsicht diskussionswürdig ist. Vertritt man eine sehr konsequente Haltung, so kann man einwenden, dass ein Getränk, das nur in den Tropen wächst, nach Europa transportiert, geröstet, gemahlen und mehr oder weniger aufwendig gebrüht werden muss, stets problematisch ist. Vergleicht man den ökologischen Fußabdruck einer Tasse Kaffee mit einer Tasse Pfefferminztee, beispielsweise im eigenen Blumentopf gezogen, wird der Minztee besser abschneiden. Es ist aber nicht Aufgabe unternehmerischer Nachhaltigkeit den Menschen eines ihrer liebsten Getränke zu verbieten oder ihnen ein schlechtes Gewissen zu machen. Unternehmen sollen in Sachen Nachhaltigkeit nicht die Aufgaben von Gesetzgeber, Ärzten, Kirchen oder anderen Institutionen übernehmen. Unternehmen stehen sehr viel wirkungsvollere Instrumente zur Verfügung. Die Tatsache akzeptierend, dass europäische Verbraucher „echten" Kaffee trinken möchten, können Unternehmen hier ansetzen und den angebotenen Kaffee nachhaltiger gestalten. Die Arbeitsbedingungen in den Anbaugebieten sind teilweise extrem verbesserungswürdig, hier können die Unternehmen positiv einwirken und fair gehandelten Kaffee anbieten, der unter der Berücksichtigung von Mindeststandards produziert wird. Die Transportemissionen können durch Investitionen in Klimaschutzprojekte klimaneutral gestellt werden. Optimalerweise verbindet man beides durch die Wahl eines Klimaschutzprojekts in den Anbaugebieten, das vielleicht auch einen Beitrag zur Verbesserung der Schulbildung der Kinder oder Lebensbedingungen der Frauen leistet. Derartige Maßnahmen werden allgemein positiv aufgenommen.

Die Grenzen zum **Greenwashing** werden überschritten, wenn nachhaltige Aspekte in keinem angemessenen Verhältnis zu den schädlichen Auswirkungen stehen, das Produkt aber in der Werbung als besonders nachhaltig dargestellt wird.

Beispiel

Es erstaunte uns eine im Auftrag eines Anbieters von Kapselkaffee veröffentlichte Studie, die belegen sollte, dass Kaffeekapseln aus **Aluminium** jeder anderen Zubereitungsmethode ökologisch überlegen sein sollte – war uns doch bisher bekannt, dass die Herstellung von Aluminium über ein energieaufwändiges Elektrolyseverfahren erfolgt, sodass für die Produktion einer Tonne Aluminium fast 12 Tonnen CO_2[144] ausgestoßen werden. Bei einem ungefähren Gewicht von 1 g pro Kapsel sind dies 12 g CO_2 pro Tasse Kaffee, auf die in der Studie nicht eingegangen wird. Bei Verwendung einer Siebträgermaschine wird kein vergleichbares Verbrauchsmaterial eingesetzt, bei Filterpapier

144 Vgl. Umweltbundesamt (2019b).

in Form herkömmlicher Kaffeefilter oder für Kaffeepads, wird eine geringere Menge pro Tasse mir niedrigen Emissionsfaktoren eingesetzt. Besser als die Aluminiumkapsel schneiden auch Kapselsysteme aus Kunststoff ab, da die Herstellung mit ungefähr 2 g CO_2 pro Kapsel[145] deutlich klimaverträglicher ist.

Der Kapselhersteller schweigt nicht nur über die Treibhausgasemissionen der Aluminiumkapseln, sondern hebt die Recyclingmöglichkeiten des Aluminiums hervor, ohne hier selbst aktiv zu werden. Er verweist auf die Entsorgungsmöglichkeit über gelben Sack/gelbe Tonne, zu deren Einführung er keinen besonderen Beitrag geleistet hat und er geht auch nicht auf die Tatsache ein, dass die Kapselsysteme häufig direkt am Arbeitsplatz eingesetzt werden, wo in der Praxis oftmals keine Mülltrennung stattfindet.

Die Klimafreundlichkeit des Kapselkaffees wird des Weiteren damit begründet, dass die passenden Maschinen nur wenig Zeit zum Aufheizen benötigen und über eine Abschaltautomatik verfügen. Über dieses angebliche Alleinstellungsmerkmal verfügen Pad- und Kapselmaschinen mit Kunststoffsystemen ebenfalls, moderne Filtermaschinen füllen den Kaffee direkt in Thermoskannen schalten sich daher ebenfalls automatisch ab.

Des Weiteren verweist der Hersteller der Kapseln darauf, dass bei seinem System weder Kaffeepulver noch Wasser verschwendet werden, da es kein übriggebliebener Kaffee weggeschüttet wird. Es wird hier ein Problem der klassischen Filtermaschine verallgemeinert, ohne zu beachten, dass auch bei Siebträger-, Pad- und Kapselmaschinen mit Kunststoffsystemen der Kaffee exakt bedarfsbezogen aufgebrüht wird.

Die These der besonders nachhaltigen Aluminium-Kaffeekapsel überzeugt folglich nicht. Es entsteht der Eindruck, dass Wahrheiten so zurechtgebogen wurden, dass das eigene Produkt im guten Licht erscheint, aber wenig Interesse an tatsächlich nachhaltigen Lösungen gezeigt wurde. Hiermit setzt man sich der Kritik durch Verbände, NGOs, Presse und kritischer Öffentlichkeit aus.

Beispiel

„Saufen für den Regenwald?“. Ein Getränkehersteller musste sich der Kritik des Greenwashings stellen, nachdem er kurz nach der Jahrtausendwende dafür geworben hatte, dass mit jeder gekauften Flasche seines Getränks ein Beitrag in den Schutz des Regenwalds fließen würde. In diesem Fall kann man den Verantwortlichen weniger Böswilligkeit als Blauäugigkeit vorwerfen. Es floss tatsächlich viel Geld in Umweltschutzprojekte, der Getränkehersteller hatte aber versäumt, seine eigentlichen Produktionsprozesse bezüglich Treibhausgasemissionen und anderer ökologischer Auswirkungen zu prüfen. So kam der Vorwurf eine nicht nachhaltige Produktion durch von den Kunden finanzierte Spenden grün zu färben. Der Getränkehersteller hat schon lange nachgearbeitet und beispielsweise von Aluminiumgetränkedosen auf Mehrwegflaschen umgestellt und steht daher heute nicht mehr in der Kritik.

[145] Berechnet auf Basis von Daten des Umweltbundesamtes (2019b).

Die **Gefahr des Greenwashings** liegt darin, dass die Glaubwürdigkeit der Produkte und des ganzen Unternehmens stark leiden kann. Internationale Konzerne, die bisher eher gewinnorientiert als nachhaltig aufgetreten sind, stehen durchaus unter Beobachtung der **Medien**, der **Nichtregierungsorganisationen**, den sogenannten **NGOs** sowie der interessierten Öffentlichkeit. Unter Nachhaltigkeitsgesichtspunkten fragwürdiges Verhalten der Konzerne wie menschenunwürdige Zustände in Textilfabriken in Entwicklungsländern, Verwendung von **Palmöl** als preiswertes Fett[146] oder der Zusatz von **Mikroplastik** in Duschgel, das über die Kanalisation relativ direkt in die Gewässer und Meere gelangt, sind in der Öffentlichkeit durchaus bekannt. Solange die Unternehmen insgesamt „den Ball flach halten", hält sich die öffentliche Kritik an den konkreten Unternehmen in der Regel in Grenzen. Sobald die Unternehmen aber beginnen, massiv mit ihrem nachhaltigen Engagement zu werben, müssen sie damit rechnen, dass ihnen schädliches Verhalten an anderer Stelle vorgehalten wird.

Errichtet das Unternehmen eine **Vorzeigefabrik** mit Vorbildcharakter und wirbt damit, so werden sich mit hoher Wahrscheinlichkeit Kritiker finden, die dem Konzern medienwirksam Greenwashing vorwerfen, solange die menschenunwürdigen Zustände in den anderen Fabriken nicht beseitigt sind. Dabei ist es irrelevant, ob die haltlosen Zustände in konzerneigenen oder fremden Betriebsstätten herrschen. Relevant ist in diesen Fällen die gesamte **Lieferkette**. Hier würde es sich empfehlen, zunächst wirksame Maßnahmen zur Verbesserung der Zustände in allen Produktionsstätten der Lieferkette einzuleiten, und erst dann an die Öffentlichkeit zu gehen, wenn deutliche Verbesserungen vor Ort eingetreten sind.

Beispiel

Zunehmend in den Blickwinkel der Öffentlichkeit gerät aktuell **Mikroplastik,** das unter anderem in Körperpflegeprodukten wie Duschgel, Shampoos, Reinigungs- und Peelinggels oder flüssigen Seifen, aber auch in Produkten der dekorativen Kosmetik wie Lippenstiften zu finden ist. Das Mikroplastik soll den Produkten besondere Eigenschaften, z.B. Glitzereffekte oder Peelingkörper, verleihen. Für die eigentliche Funktion der Kosmetikprodukte ist das Mikroplastik entbehrlich. Werden die Produkte von der Haut abgespült, gelangt das Mikroplastik über die Kanalisation in die Flüsse und Meere, da es für die Filter der Kläranlagen zu fein ist. Fluss- und Meerbewohner nehmen das Mikroplastik auf, wodurch es in unsere Nahrungskette gelangt. Auch Vegetarier und Veganer sind betroffen, da der mit Mikroplastik versetzte Klärschlamm auf den Feldern eingesetzt wird und somit in die Pflanzen gerät. Die gesundheitlichen Gefahren sind noch nicht hinreichend erforscht. Den Vorwurf des Greenwashings müssten sich beispielsweise Unternehmen gefallen lassen, die Teile der Kunststoffverpackung durch recycelten Kunststoff ersetzen, den Produkten aber weiterhin Mikroplastik zusetzen. Der Einsatz von **Bio-Plastik** stellt übrigens keine wirklich nachhaltige Alternative dar, da der Anbau der Rohstoffe Mais, Kartoffeln oder Zuckerrohr durch den Einsatz von Traktoren, Düngern und Transporten Treibhausgasemissionen verursacht und die Verwendung als Nahrungsmittel sinnvoller wäre. Beim Abbau von Bio-Plastik entstehen das Treibhausgas Kohlendioxid und Wasser, aber kein wertvoller Kompost.

146 Vgl. oben im gleichen Abschnitt zur Palmölproblematik.

Beispiel

Keinen wirklichen Gefallen tun sich Unternehmen und Organisationen, die für nachhaltiges **Palmöl** werben. Verlangt die Zertifizierung als nachhaltiges Palmöl nur den Verzicht von besonders geschützten Urwäldern, bedeutet dies, dass auch das „nachhaltige Palmöl“ auf Plantagen angebaut wurde, die auf dem Boden ehemaligen Regenwalds stehen, den die Urbewohner eher unfreiwillig hergeben mussten. Es ist grundsätzlich davon auszugehen, dass es kein wirklich nachhaltig angebautes Palmöl gibt.[147] Wer mit nachhaltigem Palmöl wirbt, läuft Gefahr, dass ihm Grüne Lügen vorgeworfen werden. Zu empfehlen wäre den Unternehmen, das Palmöl durch wirklich nachhaltig angebaute Fette zu ersetzen. Dies geschieht in der Praxis oftmals nicht, da diese Fette teurer sind. Möchte ein Unternehmen wirklich nachhaltig handeln, sollte es untersuchen, ob es die höheren Kosten für den Einsatz nachhaltiger Fette in Verbindung mit Maßnahmen der Konsumentenaufklärung nicht zumindest teilweise an die Kunden weitergeben kann.

Möchte ein Unternehmen die **Greenwashing-Falle vermeiden**, sollte es auf folgendes achten: Die Nachhaltigkeitskommunikation sollte in einem gesunden Verhältnis zum tatsächlichen Engagement stehen. Es empfiehlt sich zunächst die Unternehmensprozesse zu durchleuchten und eine Nachhaltigkeitsstrategie aufzustellen, bevor man einzelne positive Aspekte kommuniziert. Problematischen Aspekten des eigenen Unternehmens sollte man sich ehrlich stellen.

Beispiel

Ein Lebensmittelhändler kann nicht auf die unter Umweltgesichtspunkten kritische Kühlung der Lebensmittel verzichten. Bei der Kühlung sind neben dem hohen Energieverbrauch auch die klimaschädlichen Leckagen zu beachten, bei denen **Fluorkohlenwasserstoffe** in die Atmosphäre austreten können, die deutlich schädlicher sind als CO_2.

Ein nachhaltiges Unternehmenskonzept umfasst daher nicht nur einzelne Maßnahmen, sondern ein umfassendes Qualitätsmanagementsystem, das auch die eingesetzten Kühlanlagen umfasst. Möchte ein Unternehmen einzelne Produkte klimaneutral stellen, sollte es zuvor seine Treibhausgasemissionen ermitteln und analysieren und effektive Reduktionsmaßnahmen ergreifen.

147 Vgl. oben im gleichen Abschnitt zur Palmölproblematik.

5 Die Prüfung von Berichten aus dem Bereich der Nachhaltigkeit in der Praxis

5.1 Allgemeine Grundsätze und relevante Prüfungsstandards

In Deutschland gibt es bisher **keine inhaltliche Prüfungspflicht** der nichtfinanziellen Erklärung oder übrigen Nachhaltigkeitsberichterstattung durch den Wirtschaftsprüfer. § 171 Abs. 1 Satz 4 HGB verpflichtet den Aufsichtsrat zur inhaltlichen Prüfung der nichtfinanziellen Erklärung bzw. des nichtfinanziellen Berichts. Der Aufsichtsrat muss die Prüfung vornehmen und darf sie nicht vollständig auf den Prüfungsausschuss übertragen. Die Durchführung einer vorbereitenden Prüfung durch den Prüfungsausschuss ist zulässig, eine ungeprüfte Verwendung des Ergebnisses durch den Aufsichtsrat ist aber nicht erlaubt. Des Weiteren genügt es nicht sich ohne eigene Prüfungshandlungen nur auf den Bericht des Prüfungsausschusses zu stützen. Der Aufsichtsrat muss die Ordnungsmäßigkeit, das heißt die Einhaltung der einschlägigen Vorschriften des HGB, und Zweckmäßigkeit, das heißt die Übereinstimmung mit den Unternehmenszielen, der nichtfinanziellen Berichterstattung prüfen.

Der Abschlussprüfer muss prüfen, ob die Erklärung bzw. der Bericht fristgerecht vorgelegt wurden. Wurde die nichtfinanzielle Erklärung bzw. der nichtfinanzielle Bericht allerdings durch einen Wirtschaftsprüfer geprüft, so ist das Prüfungsurteil gemäß § 289b HGB zusammen mit der nichtfinanziellen Berichterstattung zu veröffentlichen.

Es gibt aber gute Gründe zur **freiwilligen Beauftragung** eines Wirtschaftsprüfers zur Prüfung von Teilen oder der gesamten Nachhaltigkeitsberichterstattung:

- Erlangung von **Prüfungssicherheit für den Aufsichtsrat**, sodass er wie beim Jahresabschluss und beim übrigen Lagebericht auf das fundierte Urteil des Abschlussprüfers als Grundlage seiner Prüfungstätigkeit nutzen kann
- **Wettbewerbsvorteil** gegenüber Unternehmen, die keine geprüften Nachhaltigkeitsinformationen vorlegen
- Höhere **Glaubwürdigkeit** gegenüber Kunden, Anteilseignern, Analysten, Mitarbeitern, NGOs, Lieferanten und übrigen Stakeholdern
- Verbesserung der **Kommunikation**
- Stärkung der **Reputation** der Marke
- **Akquisitionsvorteile** bezüglich Bestands- und neuen Kunden
- **Einbeziehung** in die Lieferkette bei Bestands- und Neukunden
- Bevorzugung oder Vermeidung von Nachteilen bei **Ausschreibungen**
- Erhöhte **Attraktivität** als Arbeitgeber
- Steigerung der **Marktkapitalisierung**
- Fundierte **Unterstützung** der Unternehmensführung bei Selbstvergewisserung über die Ordnungsmäßigkeit des nachhaltigen Engagements
- **Vorschläge zur Verbesserung** der internen Prozesse
- Anregungen zur Verankerung von Nachhaltigkeit in der **Corporate Governance**

Diese Vorteile führen dazu, dass in der Praxis bereits die Mehrzahl der nichtfinanziellen Erklärungen extern geprüft wird. Dies erfolgt bisher mehrheitlich als Auftrag mit begrenzter Prüfungssicherheit.

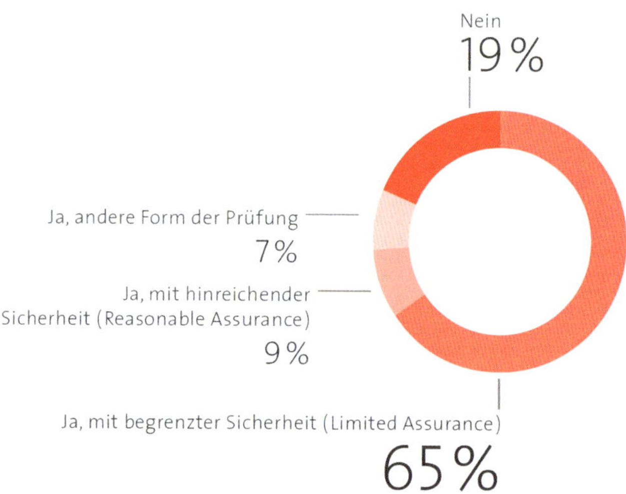

Abb. 5.1 Externe Prüfung der nichtfinanziellen Erklärung[148]

Solange die Prüfung nichtfinanzieller Erklärungen und von Berichten im Bereich der Nachhaltigkeit auf Basis freiwilliger Beauftragungen erfolgt, können Prüfungsumfang und die zugrundeliegenden Prüfungsstandards **frei vereinbart** werden. Einschlägig sind hierbei folgende Prüfungsstandards und Verlautbarungen:

- **AA1000AS**: AccountAbility 1000 Assurance Standard, 2018.
- **IDW PS 821**: IDW Prüfungsstandard: Grundsätze ordnungsmäßiger Prüfung oder prüferischer Durchsicht von Berichten im Bereich der Nachhaltigkeit, in der Fassung vom 06.09.2006.
- **ISAE 3000**: International Standard on Assurance Engagements, Assurance Engagements other than audits or reviews of historical financial information (Betriebswirtschaftliche Prüfungen, die keine Prüfungen oder prüferische Durchsichten vergangenheitsorientierter Finanzinformationen sind), Stand 12/2013.
- **Positionspapier des IDW: Vorformulierte Bescheinigungen,** Stand 09.03.2015.
- **ISAE 3410**: International Standard on Assurance Engagements, Assurance Engagements on Greenhouse Gas Statements (Betriebswirtschaftliche Prüfungen von Treibhausgasbilanzen), Stand 06/2012.
- **IDW PS 350 n.F.:** IDW Prüfungsstandard: Prüfung des Lageberichts im Rahmen der Abschlussprüfung, Stand 12.12.2017.

[148] Quelle: Deutsches Global Compact Netzwerk (2018), S. 16.

- **IDW EPS 351:** Entwurf eines IDW Prüfungsstandards: Die Behandlung der Angaben zur nichtfinanziellen Berichterstattung und der (Konzern-)Erklärung zur Unternehmensführung durch den Abschlussprüfer, wird derzeit entwickelt.
- **IDW EPS 352:** Entwurf eines IDW Prüfungsstandards: Inhaltliche Prüfung der Angaben zur nichtfinanziellen Berichterstattung, der (Konzern-)Erklärung zur Unternehmensführung und des Entgeltberichts im Rahmen der Abschlussprüfung, wird derzeit entwickelt.
- **ISA 720 (Revised) (DE)**: International Standard on Auditing 720 (Revised) (Entwurf-DE), Verantwortlichkeiten des Abschlussprüfers in Zusammenhang mit sonstigen Informationen, Stand 11/2017.
- **IDW PS 202**: Die Beurteilung von zusätzlichen Informationen, die von Unternehmen zusammen mit dem Jahresabschluss veröffentlich werden, Stand 09/2010. Der Standard wird durch **ISA 720 (Revised) (DE)** ersetzt und daher in diesem Buch nicht mehr behandelt.
- **IDW PS 982:** IDW Prüfungsstandard: Grundsätze ordnungsmäßiger Prüfung des internen Kontrollsystems des internen und externen Berichtswesens, in der Fassung vom 03.03.2017.

AA1000AS

Als 2003 der nach einem zweijährigen Prozess von der gemeinnützigen Organisation AccountAbility von mehr als 4.500 Wirtschaftsprüfern, Kapitalanlegern, NGOs, Unternehmen und Verbänden entwickelte Standard AA1000AS[149] vorgestellt wurde, war er weltweit der erste Prüfungsstandard speziell für Nachhaltigkeitsprüfungen. Er basiert auf folgenden Prinzipien, deren Einhaltung zu prüfen ist:

- **Inklusivität**: Einbindung der Stakeholder bei Entwicklung und Umsetzung der Nachhaltigkeitsstrategie
- **Wesentlichkeit**: Themen, die Entscheidungen, Handlungen und Leistungen der Organisation oder deren Stakeholder beeinflussen, sind wesentlich.
- **Reaktivität**: Organisation reagieren durch Entscheidungen, Handlungen und Gestaltung auf die Themen ihrer Stakeholder.

Die Prüfung gemäß AA1000AS soll finanzielle und nicht finanzielle Aspekte verbinden, andere Zertifizierungen können dabei eingebunden werden. Es wird nach Prüfungen gemäß Typ 1 und Typ 2 unterschieden. Bei Typ 2 erfolgt auch eine Prüfung der Verlässlichkeit von Prüfungsnachweisen.

Der AA1000AS fand nach seiner Veröffentlichung großen Anklang, er hat in nationalen und internationalen Fachkreisen durchaus einen guten Ruf, konnte sich aber gegen den ISAE 3000, der heute in Deutschland der übliche Standard für Nachhaltigkeitsprüfungen darstellt, nicht durchsetzen.

149 Vgl. AAS (2019).

IDW PS 821

Das IDW hat bereits im Jahr 2006 einen Standard zur Prüfung von Nachhaltigkeitsberichten vorgelegt. Der IDW PS 821[150] führt systematisch ablauforientiert durch die einzelnen Schritte der Nachhaltigkeitsprüfung von Auftragserteilung und Prüfungszielen über die Auftragsdurchführung zur Dokumentation, Verwendung von Prüfungsnachweisen Dritter und Bescheinigung und Berichterstattung. Da er die Thematik der CSR-Berichtspflicht und der nichtfinanziellen Erklärung nicht enthält, eignet er sich insbesondere für die Prüfung von diversen Arten separater Nachhaltigkeitsberichte.

Gemäß IDW PS 821 hat die Prüfung von Nachhaltigkeitsberichten folgende Ziele:

- Angemessenheit der einzelnen Kriterien für den Berichtsinhalt
- Relevanz (aussagekräftige Kriterien)
- Eignung (zur Erfassung des Sachverhalts geeignete Kriterien)
- Verlässlichkeit (Kriterien ermöglichen hinreichend schlüssige Beurteilung)
- Neutralität (Unvoreingenommenheit)
- Verständlichkeit (verständlich und frei von abweichenden Interpretationsmöglichkeiten)
- Vollständigkeit
- Richtigkeit
- Klarheit und Verständlichkeit.

Der Prüfungsstandard enthält neben Details zur Auftragsannahme auch Ausführungen zu den möglichen Auftragsarten der Prüfung sowie der prüferischen Durchsicht. Er stellt ferner klar, dass die Prüfung von Nachhaltigkeitsberichten keinesfalls lückenlos zu erfolgen hat, sondern den Grundsätzen der Wesentlichkeit und des Fehlerrisikos folgen soll und auf Stichprobenbasis erfolgt. Die Wesentlichkeit soll nach den allgemeinen Berufsgrundsätzen in Anlehnung an den IDW PS 250 erfolgen und ist sowohl quantitativ als auch qualitativ als Grenzwert definiert, der geeignet ist, das Entscheidungsverhalten der Berichtsadressaten zu beeinflussen.

Die Bedeutung des IDW PS 821 ist aber begrenzt, da nicht der IDW PS 821, sondern der ISAE 3000 der in Deutschland übliche Standard zur Prüfung von Nachhaltigkeitsberichten ist.

Praxistipp:
Auch wenn der Prüfungsauftrag nicht gemäß IDW PS 821 durchgeführt wird, eignet sich der IDW PS 821 als Standard des deutschen Berufsstands durchaus als ergänzende Arbeitshilfe, die u.a. Hinweise zur Auftragsannahme und Beispiele für Prüfungshandlungen und Berichterstattung liefert.

[150] Vgl. IDW (2006)

ISAE 3000

Der von der internationalen Wirtschaftsprüfervereinigung International Federation of Accountants (IFAC) herausgegebene und zuletzt 2013 überarbeitete und im Dezember 2015 in Kraft getretene ISAE 3000 (revised)[151] ist der derzeit führende Standard zur Durchführung von Prüfungen im Bereich der Nachhaltigkeit durch Wirtschaftsprüfer.

Grundsätzlich kann der Standard auch durch Nicht-Wirtschaftsprüfer angewandt werden, diese werden aber auf praktische Schwierigkeiten stoßen, da die Anwendungshinweise des ISAE 3000 hohe Ansprüche an die Qualitätssicherung stellt:

- Qualitätssicherungssystem in der Kanzlei im Sinne des ISQC 1
- Kompetenz der Mitarbeiter: Ausbildung, Praxiserfahrung, Fortbildung, Berufsangehörigkeit
- Einhaltung umfassender Berufsgrundsätze:
- Unabhängigkeit
- Integrität
- Objektivität
- Sorgfalt
- Verschwiegenheit
- Berufsgerechtes Verhalten

Wirtschaftsprüfer, die die deutschen Vorschriften zum Berufsrecht und Qualitätssicherung anwenden, sollten die Anforderungen des ISAR 3000 erfüllen, für berufsfremde Personen dürfte es eine nicht unerhebliche Klippe darstellen.

In der Praxis ist es daher nicht unüblich, dass berufsfremde Prüfer von Berichten aus dem Bereich der Nachhaltigkeit ihre Prüfung „in Anlehnung" an ISAE 3000 durchführen. Dies ist gemäß ISAE 3000 (revised) ausdrücklich nicht zulässig. Bei Anwendung des ISAE 3000 (revised) sind sämtliche Vorschriften des Standards vollumfänglich anzuwenden, jede Form der teilweisen oder analogen Anwendung ist unzulässig.

Der prinzipienbasierte Standard ISAE 3000 (revised) bezieht sich nicht nur auf Berichte aus dem Bereich der Nachhaltigkeit, sondern soll für alle Prüfungen außerhalb historischer Finanzinformationen einen einheitlichen Rahmen geben. Basis einer Prüfung nach ISAE 3000 ist in der Regel ein klar definierter Bericht oder Sachverhalt. Die exakte Abgrenzung des Prüfungsgegenstands ist erforderlich, da der Prüfumfang durch keinerlei Prüfungsstandards festgelegt ist. Ein Prüfungsauftrag im Sinne des ISAE 3000 ist ein an einen Prüfer adressierter Auftrag, sich ausreichend geeignete Prüfungsnachweise zu verschaffen, um ein Prüfungsurteil abgeben zu können, und somit das Maß an Vertrauen der vorgesehenen Nutzer über das Ergebnis der Messung oder Beurteilung des zugrundeliegenden Sachverhalts anhand von Kriterien zu erhöhen. Ein zugrundeliegender Sachverhalt können die CO_2-Emissionen eines Unternehmens sein, sodass als Sachverhaltsinformation die Treibhausgas- bzw. CO_2-Bilanz zu prüfen ist. Die Kriterien zur Messung oder Beurteilung der CO_2-Bilanz sind in der Regel

151 IFAC (2015).

die Vorschriften des Greenhouse Gas Protocols. Die vorgesehen Nutzer sind die Berichtsadressaten des Prüfungsberichts, beispielsweise Kunden des Unternehmens die Nachweise für die CO_2-Emissionen ihrer Lieferkette benötigen.

ISAE 3000 (revised) unterscheidet zwischen Testierungsaufträgen und direkten Aufträgen. Die Unterscheidung ist wichtig, da nur bei Testierungsaufträgen die Anwendung des ISAE 3000 (revised) verpflichtend ist und die Unterscheidung Auswirkungen auf die Berichterstattung hat. Die Aufträge unterscheiden sich dadurch, dass der Prüfer bei direkten Aufträgen den zugrunde liegenden Sachverhalt selbst anhand der Kriterien misst oder beurteilt und selbst die daraus resultierenden Sachverhaltsinformationen im Prüfungsvermerk darstellt. Bei Testierungsaufträgen misst oder beurteilt eine andere Partei die Sachverhaltsinformation. Ein Vorteil von Testierungsaufträgen liegt für Wirtschaftsprüfer darin, dass sie auf diese Weise einen Teil des Prüfungsrisikos auf eine andere Partei verlagern können. Relevant kann dies beispielsweise sein, wenn Wirtschaftsprüfer keine Erfahrung mit der Prüfung von CO_2-Bilanzen haben und daher die eigentliche Prüfung der CO_2-Bilanz an einen in diesem Gebiet erfahrenen Prüfer verlagern.

ISAE 3000 sieht sowohl die Bestätigung eines Sachverhalts mit hinreichender Sicherheit („reasonable assurance engagement") als auch mit eingeschränkter Sicherheit („limited assurance engagement") vor. Eingeschränkte Sicherheit kann durch eingeschränkte Prüfungshandlungen erreicht werden. Das Prüfungsurteil wird nach der gewählten Prüftiefe positiv oder negativ formuliert.

Auftragsannahme und -fortführung

Zur Auftragsannahme und -fortführung enthält ISAE 3000 Anforderungen, die auf klaren Kriterien zur Beurteilung von Sachverhaltsinformationen bzw. von Sachverhalten beruhen. Der Wirtschaftsprüfer muss prüfen, ob die Kriterien folgenden Eigenschaften aufweisen:

- **Relevanz**: Durch relevante Kriterien werden entscheidungsrelevante Information generiert.
- **Vollständigkeit**: Keine relevanten Kriterien fehlen.
- **Verlässlichkeit:** Nur verlässliche Kriterien führen bei vergleichbaren Umständen zu konsistenten Bewertungen durch unterschiedliche Wirtschaftsprüfer.
- **Neutralität:** Neutrale Kriterien verhindern einseitige Informationen über den Sachverhalt.
- **Verständlichkeit**: Verständliche Kriterien führen zu verständlichen Informationen.

ISAE 3000 (revised) stellt im Gegensatz zum älteren ISAE 3000 zusätzliche Anforderungen an den Engagement Partner. Vor Auftragsannahme muss er Folgendes sicherstellen:

- **Angemessene Verantwortlichkeiten** bei allen drei Parteien (Prüfer, für den zugrundeliegenden Sachverhalt verantwortliche Partei (Unternehmen), vorgesehener Nutzer (Berichtsadressat))
- **Angemessener Sachverhalt** (identifizierbar, konsistent messbar oder beurteilbar, anhand ausreichender und geeigneter Nachweise prüfbar sowie als Grundlage für Prüfungsurteil geeignet.

- **Geeignete Kriterien,** die unter Beachtung der Auftragsumstände zu relevanten, vollständigen, verlässlichen, neutralen und verständlichen Sachverhaltsinformationen führen und den vorgesehenen Nutzern zugänglich sind.
- **Notwendige Nachweise** lassen sich voraussichtlich tatsächlich erlangen.
- **Prüfungsurteil** wird in einen schriftlichen Vermerk aufgenommen.
- **Nachvollziehbare Zielsetzung** des Auftrags. Auch bei Aufträgen mit begrenzter Sicherheit kann ein aussagekräftiger Sicherheitsgrad erreicht werden.

Gemäß ISAE 3000 umfasst die **Prüfungsplanung** somit folgende Schritte:

- Beurteilung, ob die anzuwendenden Kriterien für den konkreten Auftrag geeignet sind
- Beurteilung, ob die Auftragsdurchführung auch dann noch möglich ist, wenn einige Voraussetzungen später entfallen
- Überlegungen, wie bei späteren Problemen bezüglich der Kriterien oder des Sachverhalts zu verfahren wäre
- Bestimmung der Wesentlichkeit.

Planung und Durchführung erfolgen somit unter Wesentlichkeitsgesichtspunkten. Der Wirtschaftsprüfer stellt sicher, dass die Informationen über den Sachverhalt keine wesentlichen Fehler enthalten. Dies kann außer einer quantitativen Wesentlichkeit in Abhängigkeit mit dem konkreten Auftrag auch eine qualitative Wesentlichkeit sein. Der Wirtschaftsprüfer muss ein Verständnis über den Prüfungsgegenstand und die sonstigen Gegebenheiten des Auftrags gewinnen. Dies unterscheidet sich zwischen Aufträgen mit begrenzter und hinreichender Sicherheit:

- **Aufträge mit begrenzter Sicherheit**: Der Wirtschaftsprüfer muss Bereiche mit hoher Fehlerwahrscheinlichkeit identifizieren und seine Prüfung so planen, dass er ein Prüfungsurteil mit begrenzter Prüfungssicherheit abgeben kann.
- **Aufträge mit hinreichender Sicherheit:** Der Wirtschaftsprüfer muss das Risiko wesentlicher Fehler erkennen und beurteilen und seine Prüfung so durchführen, dass er ein Prüfungsurteil mit hinreichender Prüfungssicherheit abgeben kann. Ein Verständnis der relevanten internen Kontrollen, deren Ausgestaltung und gegebenenfalls ihrer Wirksamkeit ist dabei unverzichtbar.

Prüfungsdurchführung

Der Umfang der Prüfungshandlungen richtet sich gemäß ISAE 3000 (revised) im Wesentlichen danach, ob es sich um Aufträge mit begrenzter oder hinreichender Sicherheit handelt. So sind bei Aufträgen mit hinreichender Sicherheit Systemaufnahmen und die Prüfung der Wirksamkeit der internen Kontrollen erforderlich während bei einem Auftrag zur Erlangung begrenzter Sicherheit Befragungen und analytische Prüfungshandlungen im Vordergrund stehen:

Begrenzte Sicherheit	Hinreichende Sicherheit
Erlangung eines ausreichenden Verständnisses über den zugrundeliegenden Gegenstand und anderer Auftragsumstände, um – Bereiche mit wesentlichem Fehlerrisiko zu identifizieren – geeignete Prüfungshandlungen für die wesentlichen Fehlerrisiken zu entwerfen und begrenzte Sicherheit zu erlangen	Erlangung eines ausreichenden Verständnisses über den zugrundeliegenden Gegenstand und anderer Auftragsumstände, um – Bereiche mit wesentlichem Fehlerrisiko zu identifizieren und die Fehlerrisiken zu beurteilen – geeignete Prüfungshandlungen für die beurteilten Fehlerrisiken zu entwerfen und hinreichende Sicherheit zu erlangen
Basierend auf dem erlangten Verständnis soll der Prüfer die zur Erlangung der Sachverhaltsinformation zugrundeliegenden Prozesse betrachten.	Basierend auf dem erlangten Verständnis soll der Prüfer das zur Erlangung der Sachverhaltsinformation zugrundeliegende interne Kontrollsystem verstehen. Dies beinhaltet eine Beurteilung der relevanten Kontrollen und Bestimmung, ob die im Unternehmen implementierten Maßnahmen und Kontrollen wirksam sind.

Darauf basierend soll der Prüfer
 	
– Bereiche mit einem erwarteten wesentlichen Fehler identifizieren und
– geeignete Prüfungshandlungen zur Erlangung von begrenzter Sicherheit entwerfen und durchführen.
	Darauf basierend soll der Prüfer
	
	– Bereiche mit einem erwarteten wesentlichen Fehler identifizieren und
	– geeignete Prüfungshandlungen zur Erlangung von hinreichender Sicherheit entwerfen und durchführen. Zusätzlich zu allen anderen dem Auftrag entsprechend angemessenen Prüfungshandlungen soll der Wirtschaftsprüfer hinreichende Prüfungsnachweise über die Wirksamkeit der internen Kontrollen erlangen, sofern
	  – die Risikoeinschätzung des Prüfers die Wirksamkeit der Kontrollen unterstellt
	  – andere Prüfungshandlungen keine hinreichende Prüfungssicherheit gewährleisten.

Entscheidung, ob zusätzliche Prüfungshandlungen erforderlich sind: Wenn dem Wirtschaftsprüfer Umstände bekannt sind, dass Wesentliche Fehler vorliegen können, soll er zusätzliche Prüfungshandlungen entwerfen und durchführen bis er in der Lage ist – festzustellen, dass wesentliche Fehler nicht zu erwarten sind oder – festzustellen, dass wesentliche Fehler vorliegen.	Überprüfung der Risikoein-schätzung in einem Auftrag mit hinreichender Sicherheit: Die Risikoeinschätzung des Wirtschaftsprüfers kann sich aufgrund zusätzlicher Informationen ändern, sodass zusätzliche Prüfungshandlungen erforderlich werden. Sollte sich im Laufe der Prüfung ergeben, dass die ursprüngliche Risikoeinschätzung nicht angemessen ist, so sind sowohl die Risikoeinschätzung als auch die geplanten Prüfungshandlungen anzupassen.

Tab. 5.1 Begrenzte versus hinreichende Sicherheit

Befragungen sind ein wesentlicher Bestandteil der Prüfung. Sie umfassen

- Falschdarstellungen der Sachverhaltsinformationen
- Nichteinhaltung von Rechtsvorschriften
- Interne Revision (gegebenenfalls Erlangung eines Verständnisses der Arbeit der internen Revision)
- Eingesetzte Experten

Bei Aufträgen zur Erlangung begrenzter Sicherheiten werden die Stichprobenumfänge in der Regel geringer sein als bei Aufträgen zur Erlangung hinreichender Sicherheit. Auch an analytische Prüfungshandlungen sind bei angestrebter begrenzter Sicherheit geringere Anforderungen zu stellen.

Es liegt in der Verantwortung des Prüfers, die Relevanz und Verlässlichkeit der Prüfungsnachweise einzuschätzen, auf Inkonsistenzen und Zweifel und Fehler zu reagieren.

Berichterstattung:

Gemäß ISAE 3000 umfasst die Berichterstattung folgende Mindestbestandteile:

- Überschrift
- Adressierung
- Grad der Prüfungssicherheit, Darstellung des zu prüfenden Sachverhalts und Informationen
- Angewandte Kriterien
- Verantwortliche Partei (Unternehmen), gegebenenfalls der Aufsteller (z.B. externes Beratungsunternehmen), Verantwortlichkeiten des Wirtschaftsprüfers
- Angabe der Übereinstimmung mit ISA§ 3000
- Zusammenfassung der durchgeführten Arbeiten als Basis des Prüfungsurteils
- Urteil des Wirtschaftsprüfers
  - **Aufträge mit begrenzter Sicherheit**: Negativaussage, dass der Wirtschaftsprüfer auf Grundlage seiner Prüfung und der erlangten Prüfungsnachweise keine Hinweise erlangt hat, dass sie Sachverhaltsinformation wesentliche Fehler enthält.
  - **Aufträge mit hinreichender Sicherheit**: Positivaussage, dass nach Auffassung des Wirtschaftsprüfers die Sachverhaltsinformation den relevanten Kriterien in allen wesentlichen Belangen entspricht
- Datum und Unterschrift

Positionspapier des IDW: Vorformulierte Bescheinigungen[152]

Das IDW hat zum ISAE 3000 ein Positionspapier herausgegeben, das sich mit der Problematik befasst, dass Wirtschaftsprüfer außerhalb der Jahresabschlussprüfung immer wieder vorformulierte Bescheinigungen vorgelegt werden, die sie unverändert mit Unterschrift und eventuell dem Siegel versehen sollen. Diese Bescheinigungen können sowohl in Papierform oder elektronisch vorliegen. Diese vorformulierten Bescheinigungen können nicht nur erhebliche Haftungsrisiken beinhalten, sondern sind teilweise auch mit Berufsrecht unvereinbar. Hinzu kommt, dass Auftraggeber und Adressat häufig auseinanderfallen, sodass mit dem Auftraggeber vereinbarte Haftungsbeschränkungen gegenüber den Adressaten keine Wirkung entfalten. Das IDW sieht insbesondere folgende Problemfelder:

152 Vgl. IDW (2015).

- Unklar formulierter Prüfungsgegenstand
- fehlende Abgrenzung beim Vorliegen von mehreren Prüfungsgegenständen
- Unklarheit, ob Prüfungsurteil über alle Prüfungsgegenstände gesamt oder einzeln abzugeben ist
- Unklare oder ungeeignete Urteilskriterien
- Adressierung an dritte Empfänger, nicht an den Auftraggeber (rechtlich unzulässig)
- Fehlende Möglichkeit der Eingrenzung des Prüfungsurteils über die Erläuterung von Art und Umfang der Prüfungshandlungen fehlt in der Bescheinigung, sodass wirtschaftlich nicht durchführbare Vollprüfungen erforderlich sind
- Fehlende Möglichkeit der Haftungsbegrenzung, Verwendungs- und Weitergabebeschränkungen über die Allgemeinen Auftragsbedingungen für Wirtschaftsprüfer
- Fehlende Klarstellung der Verantwortlichkeiten bei nebeneinanderstehenden Unterschriftsfeldern für Mandanten und Wirtschaftsprüfer
- Das Berufsrecht erlaubt Prüfungsurteile nach Prüfungen mi hinreichender und begrenzter Sicherheit. Bei vereinbarten Prüfungshandlungen wird kein Prüfungsurteil abgegeben, sondern nur über die festgestellten Tatsachen berichtet. Vorformulierte Bescheinigungen verlangen gelegentlich ein Prüfungsurteil bei vereinbarten Prüfungshandlungen.

Weisen vorformulierte Bescheinigungen diese Fehler auf, bleibt dem Wirtschaftsprüfer nur die Möglichkeit den Auftrag abzulehnen, sofern keine Möglichkeit der Anpassung der Bescheinigung oder der Abgabe einer den Berufsgrundsätzen entsprechenden Bescheinigung, existiert. Das IDW sucht den Dialog zu den Institutionen, die die Bescheinigungen formulieren, um diese für Berufsträger nicht unerheblichen Probleme zu lösen.

Die Prüfung von nichtfinanziellen Erklärungen und anderen Nachhaltigkeitsberichten ist auf den ersten Blick kein Anwendungsfall für vorformulierte Bescheinigungen. Das Thema ist für Nachhaltigkeitsprüfungen dennoch relevant, denn in der Praxis wird die Prüfung von vorformulierten Bescheinigungen diversester Arten angefragt. So leiten beispielsweise Unternehmen, die die Nachhaltigkeit der Lieferkette sicherstellen möchten, vorformulierte Bescheinigungen über einzelne Nachhaltigkeitsaspekte (CO_2-Emissionen, Fairtrade, keine Kinderarbeit) an ihre Lieferanten weiter.

ISAE 3410

Für die Prüfung von Treibhausgasbilanzen gibt es mit dem ISAE 3410[153] seit 2012 einen eigenen internationalen Prüfungsstandard. Der ISAE 3410 ist ein spezifischer Standard unter dem Rahmenwerk des ISAE 3000. Anwender des ISAE 3410 müssen auch die Regelungen des ISAE 3000 einhalten.

Der Standard definiert zunächst die Treibhausgasemissionen im Sinne des Standards.

153 Vgl. IFAC (2012).

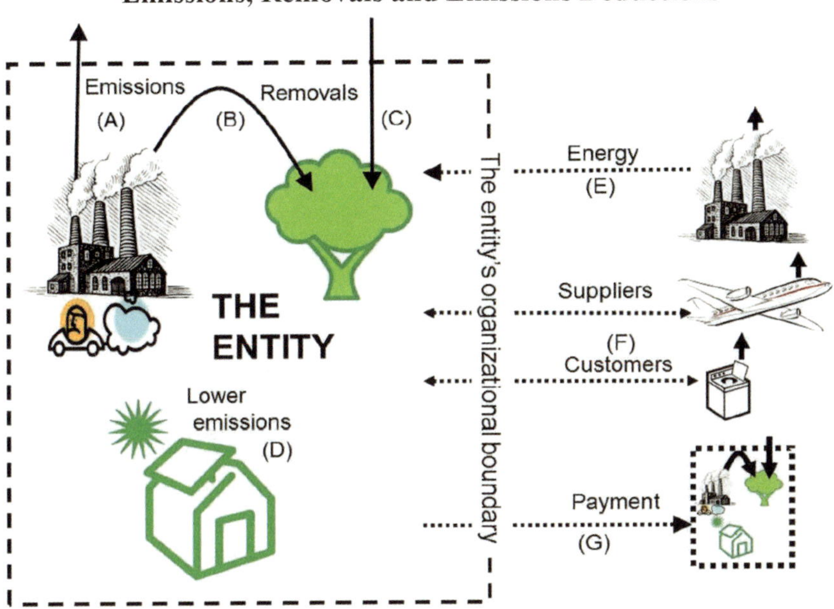

Abb. 5.2 Treibhausgasemissionen gemäß ISAE 3410 [Quelle: IFAC (2012)]

Neben Emissionen werden auch Emissionsreduktionen und Kompensationsmaßnahmen[154] berücksichtigt. Die Einteilung der Emissionen erfolgt analog den Regeln des GHG Protocols in Scope 1–3[155]. Der Standard nennt Gründe für die verpflichtende und freiwillige Erstellung von CO_2[156]-Bilanzen. Der risikoorientierte Prüfungsansatz des ISAE 3410 umfasst sowohl bei Aufträgen mit hinreichender wie bei begrenzter Sicherheit folgende Elemente:

- Erlangung eines Verständnisses des Unternehmens und seines Umfelds einschließlich der internen Kontrollen
- Identifizierung und Einschätzung der Risiken wesentlicher Fehlaussagen in der Treibhausgasbilanz
- Risikoorientierte Prüfungshandlungen
- Berichterstattung über die Prüfungsergebnisse.

Die Entscheidung, ob der Prüfungsauftrag mit hinreichender oder begrenzter Sicherheit durchgeführt wird, hängt von den Umständen der Beauftragung ab, von gesetzlichen oder anderen Rechtsverordnungen oder den Gründen der Beauftragung.

154 Unter Kompensationsmaßnahmen sind Investitionen in Klimaschutzprojekte zur Kompensation der eigenen Treibhausgasemissionenne gemeint, vgl. Ausführungen zur Klimaneutralität im Abschnitt 2.1.
155 Vgl. Abschnitt 3.2.1.
156 Vgl. GHG Protocol (2019).

Der Prüfungsansatz des ISAE 3410 umfasst folgende Schritte:

- Erlangung eines Verständnisses des Unternehmens und seines Umfelds
- Identifizierung der Risiken einer wesentlichen Falschaussage
- Risikoorientierte Prüfungshandlungen in Abhängigkeit der Art der Beauftragung (hinreichende und begrenzte Prüfungssicherheit)

Die Prüfer sollten sich bewusst sein, dass Treibhausgasbilanzen stets Gegenstand inhärenter Unsicherheit sind, da die exakte Berechnung der Emissionen nicht möglich ist. Dies führt aber nicht dazu, dass die CO_2-Bilanz kein geeigneter Prüfungsgegenstand ist. Aufgrund der Unsicherheiten und für Wirtschaftsprüfer im Regelfall fremden Materie, sollten Prüfungsaufträge gemäß ISAE 3410 im Regelfall durch interdisziplinäre Teams durchgeführt werden, dem Mitglieder mit naturwissenschaftlicher oder technischer Ausbildung angehören. Ortsbesichtigungen sollten grundsätzlich durchgeführt werden.

ISAE 3410 enthält Berichtsbeispiele für beide Arten der Beauftragung (hinreichende und begrenzte Prüfungssicherheit), die jeweils folgendes enthalten:

- Erläuterung der Verantwortlichkeiten von Unternehmensleitung und Wirtschaftsprüfer
- Zusammenfassung der Prüfungshandlungen
- Feststellung, dass die Treibhausgasbilanz Gegenstand inhärenter Unsicherheit ist, da die exakte Berechnung der Emissionen nicht möglich ist.
- Ggf. Feststellung, dass die Treibhausgasbilanz durch ein interdisziplinäres Team geprüft wurde
- Übereinstimmenserklärung mit den internationalen Prüfungsstandards
- Zusätzlich bei begrenzter Prüfungssicherheit
- Beschreibung durchgeführten und nicht durchgeführten Prüfungshandlungen, um den Leser eine Einschätzung des Prüfungsurteils zu ermöglichen
- Erklärung, dass die begrenzte Prüfungssicherheit nicht den Umfang an Prüfungshandlungen enthält, die bei hinreichender Prüfungssicherheit durchgeführt wären

IDW PS 350 n.F.[157]

Der IDW Prüfungsstandard zur Prüfung des Lageberichts enthält einen gesonderten Abschnitt zur nichtfinanziellen Berichterstattung. Er stellt klar, dass der Abschlussprüfer gemäß §§ 289b bis 289e, 315b bis 315c HGB in Verbindung mit § 317 Abs. 2 Satz 4 HGB nur verpflichtet ist zu prüfen, ob die nichtfinanzielle Erklärung oder der gesonderte nichtfinanzielle Bericht vorgelegt wurde. Bei einem gesonderten nichtfinanziellen Bericht, der durch Veröffentlichung auf der Internetseite öffentlich zugänglich wurde, hat der Abschlussprüfer festzustellen, ob der Lagebericht auf diese Veröffentlichung unter Angabe der Internetseite Bezug nimmt. Vier Monate nach dem Abschlussstichtag ist eine ergänzende Prüfung durchzuführen, ob der gesonderte nichtfinanzielle Bericht vorgelegt wurde. Geschieht dies nicht,

[157] Vgl. IDW (2017b).

ist der Bestätigungsvermerk zu ergänzen. **Eine inhaltliche Prüfungspflicht besteht nicht.** Zur Behandlung der Angaben der nichtfinanziellen Erklärung und der freiwilligen inhaltlichen Prüfung wird auf die IDW EPS 351 und 352 verwiesen, die bis heute nicht veröffentlicht wurden.

IDW PS 350 beschäftigt sich des Weiteren mit der Problematik, dass der Lagebericht nunmehr inhaltlich geprüfte lageberichtstypische und ungeprüfte **lageberichtsfremde** Angaben enthält. Im Bestätigungsvermerk ist daher eine eindeutige Darstellung über die nicht geprüften Lagerberichtsangaben erforderlich. Beeinträchtigen die lageberichtsfremden Angaben die Klarheit und Übersichtlichkeit des Lageberichts wesentlich, kann dies zur Einschränkung oder Versagung des Bestätigungsvermerks führen.

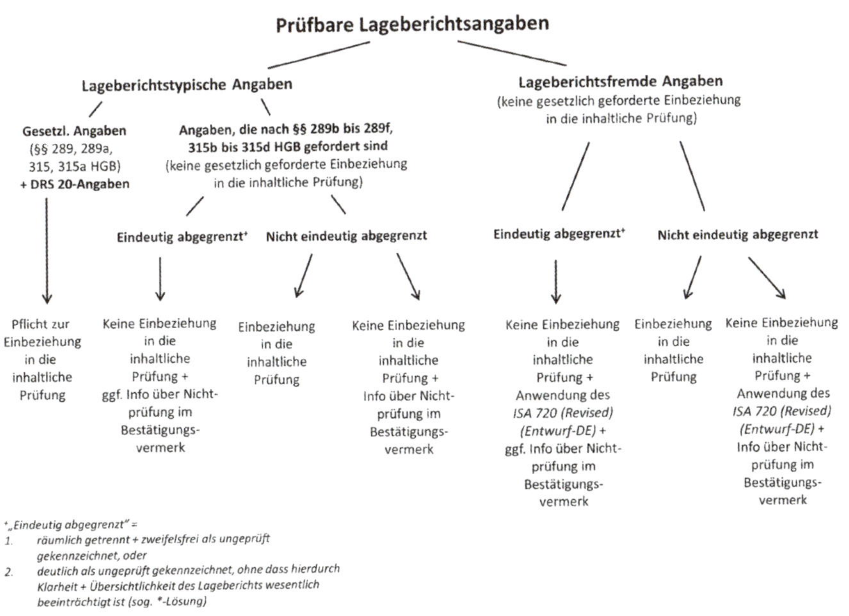

Abb. 5.3 Prüfbare Lageberichtsangaben [Quelle: IDW (2017b)]

Enthält der Lagebericht im Rahmen der nichtfinanziellen Berichterstattung wesentliche nicht prüfbare Angaben, die inhaltlich auch nicht zu prüfen sind und nicht eindeutig abgegrenzt sind, so hat der Abschlussprüfer dies im Bestätigungsvermerk darzustellen. Er hat herauszustellen, dass sich das Prüfungsurteil nicht auf diese Inhalte erstreckt.

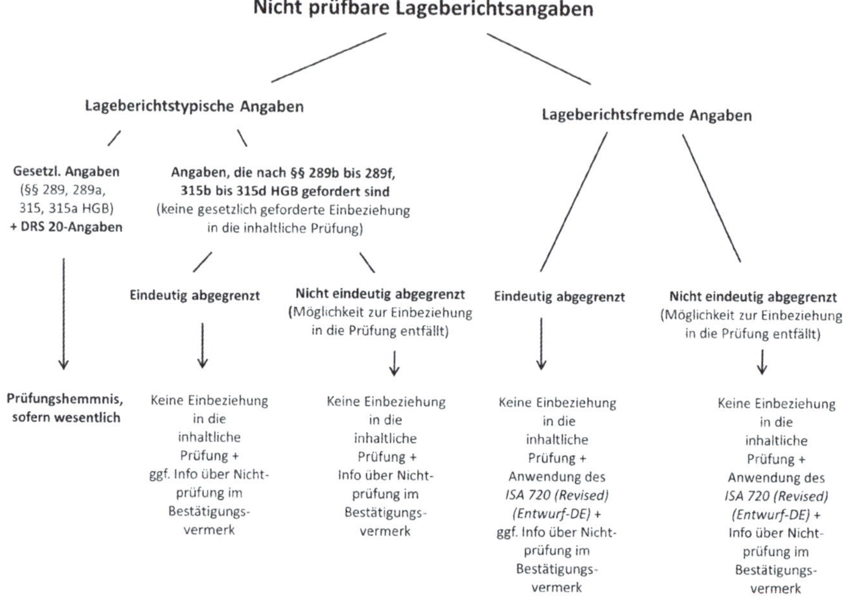

Abb. 5.4 Nicht prüfbare Lageberichtsangabe [Quelle: IDW (2017b)]

IDW EPS 351 und IDW EPS 352

Die im IDW PS 350 schon im Jahr 2017 angekündigten Entwürfe für die Prüfungsstandards zur Behandlung der Angaben zur nichtfinanziellen Berichterstattung und der (Konzern-) Erklärung zur Unternehmensführung durch den Abschlussprüfer sowie der inhaltliche Prüfung der Angaben zur nichtfinanziellen Berichterstattung, der (Konzern-)Erklärung zur Unternehmensführung und des Entgeltberichts im Rahmen der Abschlussprüfung sind bisher nicht erschienen.

ISA 720 (Revised) (DE)[158]

Der ISA 720 ist der Prüfungsstandard, der im Rahmen des Umstellungsprojektes des IDW nicht mehr in einen IDW PS transformiert, sondern nur übersetzt und bezüglich nationaler Besonderheiten modifiziert wurde und im Rahmen der vom IDW festgestellten Grundsätze ordnungsmäßiger Abschlussprüfung unmittelbar in Deutschland anzuwenden ist. Abweichungen vom internationalen ISA 720 (Revised) aufgrund spezifischer gesetzlicher Regelungen in Deutschland sind im ISA 720 (Revised) (DE) mit zusätzlichen „D-Textziffern“ transparent dargestellt.

[158] Vgl. IDW (2017c).

Der ISA 720 (Revised) behandelt die Verantwortlichkeiten des Abschlussprüfers hinsichtlich sonstiger Informationen. Dies sind solche Informationen, die im Zusammenhang mit dem zu prüfenden Abschluss herausgegeben werden. Hierfür ist sicherzustellen, dass die Glaubwürdigkeit des Abschlusses und des Bestätigungsvermerks des Abschlussprüfers nicht durch Unstimmigkeiten zwischen dem geprüften Jahresabschluss und den sonstigen Informationen beeinträchtigt wird.

Hieraus ergeben sich folgende Ziele des Abschlussprüfers:

- Würdigung, ob eine wesentliche Unstimmigkeit zwischen den sonstigen Informationen und dem Abschluss vorliegen
- Würdigung, ob eine wesentliche Unstimmigkeit zwischen den sonstigen Informationen und den bei der Abschlussprüfung erlangten Kenntnissen des Abschlussprüfers vorliegt
- Angemessene Reaktion, wenn der Abschlussprüfer eine wesentliche Unstimmigkeit identifiziert oder anderweitig eine Falschdarstellung einer sonstigen Information erkennt
- Erteilung eines Vermerks in Übereinstimmung mit diesem ISA

Die sonstigen Informationen sind nicht in dem Sinne zu prüfen, dass hinreichend oder begrenzte Prüfungssicherheit angestrebt wird. Stattdessen hat der Abschlussprüfer die sonstigen Informationen zu lesen, sich mit dem Inhalt auseinander zu setzen und zu würdigen, ob Abweichungen zu den Angaben im Abschluss, Lagebericht und zu seinen ansonsten während der Abschlussprüfung erlangten Erkenntnissen bestehen und wesentliche Unstimmigkeiten oder Falschdarstellungen vorliegen. Der Grund für diese Regelung ist, zum einen, dass der Abschlussprüfer ansonsten eine kostenaufwendige Prüfung der Geschäftsführung vornehmen müsste und zum anderen, dass keine neue Erwartungslückenproblematik entstehen sollte.

Somit ergeben sich folgende Prüfungshandlungen:

- Lesen und Abstimmung ausgewählter Beträge und sonstiger Angaben mit dem geprüften Jahresabschluss
- Feststellung wesentlicher Prüfungsabweichungen zwischen sonstigen Angaben und Jahresabschluss
- Dokumentation der Prüfungshandlungen und Feststellungen
- Dokumentation der finalen Version der sonstigen Informationen
- Berichterstattung im Bestätigungsvermerk

Es besteht keine Pflicht, sämtliche Angaben in den sonstigen Informationen zu prüfen. Die Auswahl der zu verifizierenden Angaben ist eine Ermessensentscheidung des Abschlussprüfers.

Kommt dem Abschlussprüfer im Rahmen seiner Arbeit der Verdacht, dass wesentliche Unstimmigkeiten oder wesentliche Falschdarstellungen vorliegen, so muss er dies mit dem Vorstand diskutieren. In Fällen, in denen der Abschlussprüfer mit Sicherheit feststellt, dass wesentliche Unstimmigkeiten oder wesentliche Falschdarstellungen vorliegen, muss er den Vorstand zu Korrektur der Fehler auffordern. Sollte keine Korrektur erfolgen, ist der Aufsichtsrat einzuschalten. Bleibt auch der Aufsichtsrat untätig, so ist gemäß ISA 720 (Revised) im Bestätigungsvermerk über die Falschdarstellung zu berichten. Dieser nach dem internationalem Standard ISA 720 (Revised) vorgesehenen Pflicht, über das Ergebnis der hierbei durchgeführten Arbeiten im Bestätigungsvermerk zu berichten, darf der Abschlussprüfer in Deutschland gemäß § 43 Abs. 1 WPO bzw. § 323 Abs. 1 Satz 1 HGB aber nur entsprechen, wenn er von seiner Verschwiegenheitspflicht durch das zu prüfende Unternehmen entbunden wurde. Wird der Bestätigungsvermerk nach IDW PS 400 n.F. erteilt, sind die Anforderungen des ISA 720 (Revised) (E-DE) zu beachten. Dies führt zu einer Zusammenführung der zuvor getrennten Prüfungsurteile zum Jahres- bzw. Konzernabschluss und dem Vermerk über sonstige und andere rechtliche Anforderungen und somit einer kompakteren und übersichtlicheren Darstellung. Hierdurch soll die Informationsfunktion des Bestätigungsvermerks gestärkt werden.

Liegen wesentliche Unstimmigkeiten vor und wurde der Wirtschaftsprüfer von seiner Verschwiegenheitsverpflichtung entbunden, so wird im Bestätigungsvermerk eine Beschreibung der nicht korrigierten wesentlichen falschen Angaben aufgenommen. Wenn keine bezüglich er sonstigen Informationen falschen Angaben vorliegen, kann sich der Abschlussprüfer auf einen Hinweis beschränken, dass es im Zusammenhang mit den sonstigen Informationen nichts zu berichten gibt.

Gelten sollte ISA 720 (Revised) (E-DE) erstmals für die Prüfung von Abschlüssen für Berichtszeiträume, die am oder nach dem 15.12.2017 beginnen, mit Ausnahme von Rumpfgeschäftsjahren, die vor dem 31.12.2018 enden. Eine freiwillige vorzeitige Anwendung ist zulässig.

Praxistipp:
Der vorliegende Standardentwurf zum ISA 720 (Revised) (E-DE) enthält in den Anlagen zahlreiche Beispiele und Formulierungsbeispiele für sonstige Informationen, Bestätigungsvermerke im Zusammenhang mit sonstigen Informationen und den Abschnitt „Sonstige Informationen" im Bestätigungsvermerk.

IDW PS 982[159]

Der IDW Prüfungsstandard zur Prüfung des internen Kontrollsystems des internen und externen Berichtswesens die freiwillige Prüfung des internen Kontrollsystems außerhalb der Abschlussprüfung. Er enthält die Anforderungen und die Vorgehensweise dieser Prüfung des internen Kontrollsystems. Es umfasst die Regelungen, die auf die ordnungsgemäße Gewinnung, Verarbeitung, Weiterleitung und Darstellung von entscheidungsrelevanten Informationen in Form einer internen oder externen Unternehmensberichterstattung außerhalb der Abschlussprüfung gerichtet sind. Es handelt sich um eine Systemprüfung, deren Zielsetzung nicht darin liegt, eine Aussage über die Fehlerfreiheit der Berichtsinhalte der Unternehmensberichterstattung zu treffen. Die Prüfung umfasst je nach Art, Umfang und Zielsetzung der Unternehmensberichterstattung die zugrunde liegenden Kerngeschäfts- bzw. Unterstützungsprozesse mit ihren Steuerungs- und Kontrollmaßnahmen.

159 Vgl. IDW (2017d).

Entgeltberichterstattung

Bisher gibt es keine gesetzliche Vorgabe zur Prüfung der Entgeltberichterstattung durch den Abschlussprüfer. Insofern unterscheidet sich der Entgeltbericht von der nichtfinanziellen Berichterstattung, da auch das Vorhandensein der Entgeltberichterstattung nicht zu prüfen ist. In den Folgejahren ist aber für eine pflichtwidrige Nichterstellung des Entgeltberichts zu berichten, da sie einen schwerwiegenden Gesetzverstoß darstellt. Analog zur nichtfinanziellen Verpflichtung muss auch bezüglich der Entgeltberichterstattung im Bestätigungsvermerk deutlich erkennbar sein, ob sie durch den Abschlussprüfer geprüft wurde. Ist der Entgeltbericht integrierter Bestandteil des Lageberichts, sind die nicht geprüften Teile eindeutig zu kennzeichnen und vom Abschlussprüfer zu lesen und zu würdigen. Hierüber ist im Testat zu berichten. Wird der Entgeltbericht dem Geschäftsbericht nach Abschluss der Prüfung gesondert beigefügt ergeben sich hieraus keine Folgen für den Bestätigungsvermerk. Wird der Bestätigungsvermerk gemäß IDW PS 400 n.F. erteilt, ist im Testat über das Lesen und Würdigen des Entgeltberichts zu berichten.

5.2 Herstellung der Prüfungsbereitschaft im Unternehmen

Die Prüfung nichtfinanzieller Erklärungen und anderer Berichte aus dem Bereich der Nachhaltigkeit stellt nicht nur die beauftragten Wirtschaftsprüfer und ihre Mitarbeiter, sondern auch die Unternehmen mit ihren Führungskräften und Mitarbeitern vor neue Herausforderungen. Für die Aufstellung der nichtfinanziellen Erklärung in Übereinstimmung mit den handelsrechtlichen Vorgaben[1] ist die Unternehmensleitung verantwortlich. Die nichtfinanzielle Erklärung muss diejenigen wesentlichen Angaben enthalten, die für das Verständnis von Geschäftsverlauf, Geschäftsergebnis, Lage sowie der Auswirkungen der Tätigkeit des Unternehmens auf Umwelt und Gesellschaft erforderlich sind. Auch die Einrichtung der erforderlichen internen Kontrollen gehört dazu, um sicherzustellen, dass die nichtfinanzielle Erklärung frei von wesentlichen – beabsichtigten oder unbeabsichtigten – falschen Angaben ist.

Nicht zu vernachlässigen ist die Tatsache, dass die Verantwortung für die nichtfinanzielle Berichterstattung mehrheitlich bei den Mitarbeitern der Nachhaltigkeits- oder PR-Abteilungen liegt.

Zumindest in den Anfangsjahren der Nachhaltigkeitsberichterstattung besteht die Gefahr, dass sowohl dem verantwortlichen Wirtschaftsprüfer und den Mitgliedern des Prüfungsteams als auch den mit der Nachhaltigkeitsberichterstattung betrauten Mitarbeiter, die in Regel keinen beruflichen Hintergrund aus dem Rechnungswesen oder der Wirtschaftsprüfung haben, nicht bewusst ist, das die gängigen Rahmenwerken (wie GRI) mit einer Definition der Wesentlichkeit arbeiten, die von der **Wesentlichkeitsdefinition** des § 286c Abs. 3 HGB abweicht. Darauf sollten die Mitarbeiter beider Seiten frühzeitig hingewiesen und geschult werden, um sicherzustellen, dass das Wesentlichkeitserfordernis des HGB mindestens erfüllt wird[160] und keine Erwartungslücke entsteht.

[160] Vgl. hierzu die ausführlichen Erläuterungen im Abschnitt 3.3.1.

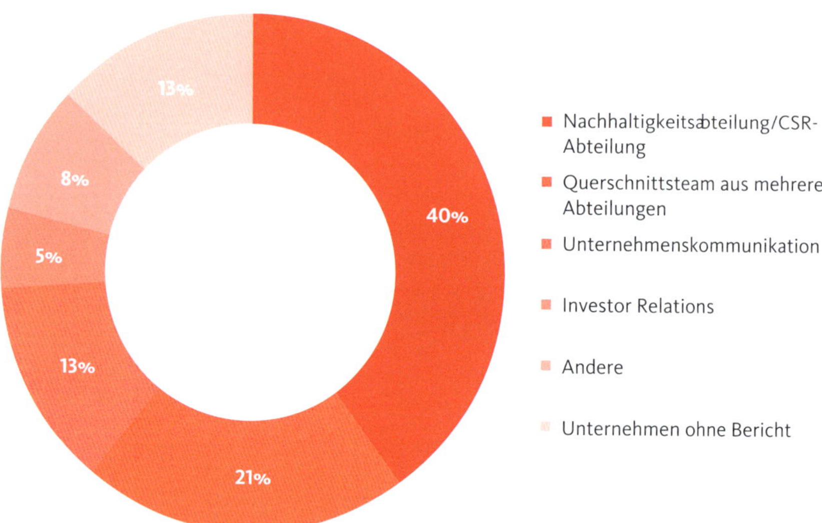

Abb. 5.5 Zuständigkeiten für Nachhaltigkeitsberichterstattung [IÖW (2018)]

Eine weitere Herausforderung für die mit der Nachhaltigkeitsberichterstattung betrauten Mitarbeiter stellt die Dokumentation der Nachhaltigkeitsinformationen in einer für die Wirtschaftsprüfer nachvollziehbaren Form dar. Je höher die gewünschte Prüfungssicherheit ist, desto besser muss die Qualität der vorgelegten Prüfungsnachweise sein. Prüfungssicherheit mit hinreichender Sicherheit kann mit unvollständigen Unterlagen nicht erlangt werden. Werden die Nachhaltigkeitsinformationen von Mitarbeitern ohne Hintergrund aus dem Rechnungswesen oder der Wirtschaftsprüfung zusammengestellt, kann es in Praxis zu Erwartungslücken des Wirtschaftsprüfers führen, der für sein festes Prüfungsurteil auch harte Prüfungsnachweise erwartet.[161] Sollen beispielsweise Gesprächsnotizen als Prüfungsnachweise dienen, so sind sie zeitnah mit Angaben der Gesprächspartner, Datum und Unterschrift zu verfassen und idealerweise von den Gesprächspartnern gegenzuzeichnen. Für Begehungsprotokolle, Inspektionen u.ä. gilt dies entsprechend.

Fremdsprachliche Unterlagen, die nicht in Englisch verfasst sind, sind fachgerecht zu übersetzen, die Eingabe einzelner Stichpunkte in Online-Übersetzungsprogramme genügt nicht. Verträge müssen nicht nur ein Deutsch oder Englisch (oder ggf. in Spanisch oder Französisch) vorliegen, sondern auch in vollständiger, unterschriebener Version. Dies klingt für einen Wirtschaftsprüfer trivial, die praktische Erfahrung zeigt aber, dass es durchaus Sinn macht, derartige Anforderungen im Vorfeld abzuklären, insbesondere da die Beschaffung von Unterlagen aus Entwicklungsländern durchaus sehr langwierig sein kann.

[161] Vgl. hierzu auch Abschnitt 3.4.

Nach DRS 20 hat der Lagebericht und somit auch die nichtfinanzielle Erklärung alle wesentlichen Informationen zu enthalten. Die Angaben müssen sowohl verlässlich und ausgewogen als auch klar und übersichtlich sein. Die nichtfinanzielle Erklärung enthält Berichtsgegenstände, die der traditionellen Finanzberichterstattung fremd sind. Dies erfordert eine entsprechende Vorbereitung:

- Die Standards für die Nachhaltigkeitsberichterstattung enthalten meistens keine Methoden für die Erhebung von nichtfinanziellen Informationen. Die Mitarbeiter sind mit Arbeiten der Datenerhebung und Dokumentation häufig nicht vertraut. Berichtssysteme und interne Kontrollen für die Nachhaltigkeitsberichterstattung weisen häufig nicht die von Finanzberichterstattungssystemen bekannten Prozessgeschwindigkeit, Qualität, Vollständigkeit und Genauigkeit auf. Dies kann zu einer höheren Fehleranfälligkeit führen. Ferner fehlt im Bereich der Nachhaltigkeit oft das Bewusstsein für die ordnungsgemäße Dokumentation, sodass nicht immer ausreichende Nachweise und Belege für alle Berichtsinhalte vorgehalten werden. Hier sind rechtzeitig angemessene Maßnahmen durch die Unternehmensleitung einzuleiten.
- Variable Vergütungen auf Basis nichtfinanzielle Leistungsindikatoren, wie CO_2-Emissionen führen grundsätzlich zu einem Risiko der „Schönfärberei" der Angaben. Hier sind klare Regeln zur Berechnung der Angaben und entsprechende Kontrollen zu implementieren.
- Die Berechnung nichtfinanzieller Daten basiert oft auf Annahmen, Schätzungen, Branchen- oder Durchschnittswerten. Hier ist sicherzustellen, dass Quellen hoher Qualität wie auf wissenschaftlich anerkannten Methoden erstellte Datenbanken herangezogen werden. Methoden und Ermessensspielräume sind zu dokumentieren, bei Wesentlichkeit ist darüber zu berichten.

Praxistipp:
Die vollumfängliche Prüfung der Nachhaltigkeitsberichterstattung gemäß ISAE 3000 (revised) kann für Unternehmen und Prüfer eine sehr große Herausforderung darstellen. Daher kann es sich ein stufenweises Vorgehen empfehlen. So könnte man im ersten Jahr mit der Prüfung der Prozesse, Kontrollen und Wesentlichkeit beginnen, um im Folgejahr die Angaben gemäß ISAE 3000 (revised) prüfen zu lassen. Andere Unternehmen starten mit der Prüfung ihrer CO_2-Bilanz, um in späteren Jahren vollständige Nachhaltigkeitsberichte prüfen zu lassen.

Möchte ein Unternehmen einen Nachhaltigkeitsbericht nach den GRI-Standards prüfen lassen, sollte es, sofern die folgenden Aspekte relevant und wesentlich sind – für die Prüfung unter anderem folgende Informationen und Unterlagen bereithalten:

GRI	Angaben	Beispiele für Unterlagen
102	Allgemeine Angaben	Neben den für die Jahresabschlussprüfung erforderlichen Unterlagen sind umfangreiche Unterlagen zu den Organen und den zugrundeliegenden Prinzipien der Besetzung, Vergütung, Arbeit, Kontrolle, Nachhaltigkeitsarbeit, Dialogen zu den Stakeholdern etc. bereitzustellen. Darüber hinaus sind Unterlagen zu den beschäftigten Freelancern sowie zu den Lieferketten und den unterstützten Initiativen und Mitgliedschaften in Vereinigungen bereitzuhalten.
103	Managementansatz	Angaben zum Managementansatz für jedes wesentliche Thema
201	Wirtschaftliche Leistung	– Detaillierte Angaben zum Jahresergebnis – Detaillierte Angaben zu Pensionszusagen – Risiken und Chancen durch den Klimawandel – Öffentliche Zuschüsse jeder Art
202	Marktpräsenz	– Aufgliederung der Gehälter nach Gendern – Anteil der Führungskräfte aus dem lokalen Umfeld
203	Indirekte ökonomische Auswirkungen	– Infrastrukturinvestitionen – Geförderte Dienstleistungen
204	Beschaffungspraktiken	Anteil der Ausgaben für lokale Lieferanten
205	Korruptionsbekämpfung	– Liste der auf Korruptionsrisiken geprüften Betriebsstätten – Angaben zur Unterrichtung und Schulung von Mitarbeitern, Organen und Geschäftspartnern zu Richtlinien und Verfahren zur Korruptionsbekämpfung – Aufstellung der Korruptionsfälle und deren Konsequenzen
206	Wettbewerbswidriges Verhalten	Anzahl der Rechtsverfahren wegen Verstößen gegen das Wettbewerbsrecht und Ergebnisse abgeschlossener Verfahren
301	Materialien	– Aufstellung der eingesetzten Materialien getrennt nach nicht erneuerbaren und erneuerbaren Materialien – Anteil der recycelten Ausgangsstoffe – Anteil der wiederverwerteten Produkte und Verpackungsmaterialien

302	Energie	– Gesamter Brennstoffverbrauch aufgegliedert nach erneuerbaren und nicht erneuerbaren Quellen: Rechnungen und Aufstellungen für gekauften und verkauften
		  – Strom
		  – Energie für Wärme
		  – Kühlenergie
		  – Bezogener Dampf
		– Energieverbrauch außerhalb der Organisation
		– Berechnung der Energieintensität
		– Maßnahmen und Ergebnisse der Energieeinsparung für Betriebe und Produkte

303	Wasser und Abwasser	Umfangreiche Angaben zu Entnahme und Verbrauch und Einleitung von (Ab-)Wasser bezüglich des Unternehmens, seiner Prozesse, Produkte und Dienstleistungen und der diesbezüglichen Auswirkungen und Managementansätzen und Zusammenarbeit mit den Stakeholdern. Diese Angaben sind nach Oberflächenwasser, Grundwasser, Süß- und Meerwasser, produzierten Wasser und Wasser von Dritten aufzuschlüsseln. In Gebieten mit Wasserstress sind hierzu detaillierte Angaben erforderlich, Angaben zur detaillierte Wasserrückführung sind stets erforderlich. Zur Abwassereinleitung sind die Standards und Richtlinien offenzulegen.
304	Biodiversität	Detaillierte Angaben zu jedem Betrieb hinsichtlich Art, Größe, Lage, unterirdischen Landflächen, Biodiversität, Gefährdungsgrad, Schutzgebieten und Auswirkungen auf die Biodiversität

GRI	Angaben	Beispiele für Unterlagen
305	Emissionen	– Treibhausgasemissionen (Scope 1–3) und Berechnungsmethoden – Emissionsreduktionsmaßnahmen – Emissionen Ozon abbauender Substanzen – Stickstoffoxid-, Schwefeloxid- und andere signifikante Luftemissionen
306	Abwasser und Abfall	– Volumen, Qualität, Wiederverwendung des Abwassers und der Gewässer, in die eingeleitet wird – Detaillierte Angaben zu gefährlichen und ungefährlichen Abfällen und Entsorgungsmethode – Angaben zum Austritt schädlicher Substanzen – Abfalltransporte
307	Umwelt-Compliance	Sanktionen, Bußgeld u.ä. wegen Nichteinhaltung von Umweltschutzvorschriften
308	Umweltbewertung der Lieferanten	Anteil der Lieferanten, die anhand von Umweltkriterien überprüft wurden
401	Beschäftigung	– Aufstellung neuer Angestellter und der Fluktuation nach Alter, Geschlecht und Region – Grundleistungen für Vollzeitkräfte sowie ihre soziale Absicherung – Detaillierte Angaben zu Elternzeiten
402	Arbeitnehmer-Arbeitgeber-Verhältnis	Mindestmitteilungsfrist für betriebliche Veränderungen
403	Arbeitssicherheit und Gesundheitsschutz	Der Standard gilt für eigene Mitarbeiter, Freelancer und Mitarbeiter von fremden Betrieben, die überwiegend Produkte und Dienstleistungen für das Unternehmen produzieren. Benötigt werden für grundsätzlich all diese Mitarbeiter: – Managementsystem für Arbeitssicherheit und Gesundheitsschutz und Umfang der Mitarbeiter, die davon abgedeckt sind – Gefahrenidentifizierung, Risikobewertung, Untersuchung von Vorfällen – Informationen über arbeitsmedizinische Dienste – Mitarbeiterbeteiligungen, Konsultation, Kommunikation, Schulungen und Fördermaßnahmen zu Arbeitssicherheit und Gesundheitsschutz – Beschreibung der Maßnahmen zur Förderung der Gesundheit – Informationen zur Vermeidung und Abmilderung von negativen Auswirkungen, Gefahren und Risiken auf Arbeitssicherheit und Gesundheitsschutz bei Geschäftspartnern – Arbeitsbedingte Erkrankungen und Verletzungen und Risiken und Gefahren hierfür
404	Aus- und Weiterbildung	– Anzahl der durchschnittlichen Ausbildungsstunden für die Mitarbeiter aufgegliedert nach Geschlecht und Angestelltenkategorie – Details zu Fortbildungsprogrammen – Details zu Übergangshilfen zur Vorbereitung auf den Ruhestand – Details zu Beurteilungssystem aufgegliedert nach Geschlecht und Angestelltenkategorie
405	Diversität und Chancengleichheit	– Zusammensetzung des Aufsichtsrats und der Belegschaft nach Geschlecht, Altersgruppe und anderen Diversitätsindikatoren (Minderheiten, schutzbedürftige Gruppen) – Verhältnis der Vergütungen von Frauen zu den von Männern nach Angestelltenkategorien und Betriebsstätten
406	Nichtdiskriminierung	Anzahl der Diskriminierungsvorfälle, Gegenmaßnahmen und aktueller Stand

GRI	Angaben	Beispiele für Unterlagen
407	Vereinigungsfreiheit und Tarifverhandlungen	Details zu Verletzungen des Rechts für Vereinigungsfreiheit und Tarifverhandlungen in den Betriebsstätten und bei Lieferanten und Gegenmaßnahmen
408	Kinderarbeit	Betriebsstätten und Lieferanten mit erheblichem Risiko für oder Verdacht auf Kinderarbeit oder Gefährdungspotenzial für junge Mitarbeiter und Gegenmaßnahmen
409	Zwangs- oder Pflichtarbeit	Betriebsstätten und Lieferanten mit erheblichem Risiko für Zwangs- oder Pflichtarbeit und Gegenmaßnahmen
410	Sicherheitspraktiken	Anteil des Sicherheitspersonals, das bezüglich Menschenrechte im Unternehmen geschult ist und Angabe, ob dies auch für fremde Sicherheitsunternehmen gilt
411	Rechte der indigenen Völker[162]	Anzahl der Rechtsverletzungen indigener Völker, Gegenmaßnahmen und aktueller Stand
412	Prüfung auf Einhaltung der Menschenrechte	– Anteil der Standorte nach Ländern, an denen eine Prüfung der Einhaltung der Menschenrechte und Folgenabschätzung durchgeführt wurde – Anzahl der Schulungsstunden bezüglich für das Unternehmen relevanten Menschenrechtsfragen und Anteil der Teilnehmer an diesen Schulungen an der Belegschaft – Anzahl und Anteil der erheblichen Investitionsvereinbarungen und -verträge mit Menschenrechtsklauseln
413	Lokale Gemeinschaften[163]	– Anteil der Betriebsstätten, an denen Maßnahmen zur Einbindung lokaler Gemeinschaften erfolgen mit umfangreichen Angaben zu Programmen, Folgenabschätzungen, Einbindung von Stakeholdern etc. – Geschäftstätigkeiten mit tatsächlichen oder potenziellen erheblichen Auswirkungen auf lokale Gemeinschaften
414	Soziale Bewertung der Lieferanten	– Zahl und Anteil der bewerteten Lieferanten und der Lieferanten mit tatsächlichen oder potenziellen erheblich negativen sozialen Auswirkungen – erheblich negative soziale Auswirkungen in der Lieferkette – Anteil der bewerteten Lieferanten, mit denen Verbesserungsmaßnahmen vereinbart wurden – Zahl und Anteil der bewerteten Lieferanten, mit denen die Geschäftsbeziehungen beendet wurden mit Begründung
415	Politische Einflussnahme	Höhe der direkten und indirekten Parteispenden (Geldbeträge und Wert von Sachzuwendungen)
416	Kundengesundheit und -sicherheit	– Anteil der Produkt- und Dienstleistungskategorien die hinsichtlich ihrer Verbesserungspotenziale bezüglich der Auswirkungen auf Gesundheit und Sicherheit überprüft wurden – Anzahl der Verstöße aufgeschlüsselt nach verhängten Sanktionen oder Negativaussage

[162] Unter indigenen Völkern versteht man Bevölkerungsgruppen, die Nachkommen der Bewohner eines Gebietes sind, die bereits vor der Eroberung, Kolonisierung oder Staatsgründung durch Fremde dort lebten. Die geläufigen Begriffe wie Ureinwohner, Eingeborene oder Naturvölker sind als ungenau oder diskriminierend nicht mehr zu verwenden.

[163] Lokale Gemeinschaften sind kleinere Bevölkerungsgruppen, die ohne Einsatz industrieller Technologie eine traditionelle Landwirtschaft und Lebensweise führen. Der frühere Begriff der Naturvölker gilt als diskriminierend und ist daher zu vermeiden.

GRI	Angaben	Beispiele für Unterlagen
417	Marketing und Kennzeichnung	– Details zur Produkt- und Dienstleistungsinformation und Kennzeichnung unter anderem bezüglich Komponenten, Zusammensetzung, Auswirkungen, sichere Nutzung, Entsorgung – Anteil der erfassten und überprüfen Produkt- und Dienstleistungskategorien – Anzahl der Verstöße im Zusammenhang mit Informationen, Kennzeichnungen, Werbung, Verkaufsförderung, Marketing, Sponsoring oder Kommunikation aufgeschlüsselt nach verhängten Sanktionen oder Negativaussage
418	Schutz der Kundendaten	– Anzahl der begründeten Beschwerden bezüglich des Schutzes von Kundendaten aufgegliedert nach externen Parteien und Aufsichtsbehörden – Anzahl der ermittelten Fälle von Datendiebstahl und -verlusten – Alternativ Negativaussage
419	Sozioökonomische Compliance	– Gesamtbetrag der Bußgelder und Sanktionen, nicht monetärer Sanktionen und Streitbeilegungsverfahren aufgrund von Rechtsverstößen und Angaben zum Kontext – Alternativ Negativaussage

Tab. 5.2 Wichtige Informationen und Unterlagen bei Prüfung nach den GRI-Standards

Die obige Aufstellung soll nur einen ersten Überblick über die bereitzustellenden Unterlagen geben. Detaillierte Informationen ergeben sich direkt aus den jeweiligen GRI-Standards.

Praxistipp:
Bezogener Strom

Gemäß EU-Recht müssen die Energieversorger den verkauften Strom eindeutig kennzeichnen. Daher enthalten sämtliche Stromrechnungen in Deutschland eindeutige Informationen über verwendeten Strommix und die Umweltauswirkungen (z.B. CO_2 pro Kilowattstunde), sodass anhand der Stromrechnungen aussagekräftige Aufstellungen zu den Scope 2 Treibhausgasemissionen und Auswirkungen im Sinne der GRI erstellt werden können.

CO_2-Emissionen des Fuhrparks

Zur Berechnung der Treibhausgasemissionen des Fuhrparks gibt es verschiedene Möglichkeiten:

1. Man kann für jedes Fahrzeug die Kilometerleistung der Periode erfassen und mit den Herstellerangaben multiplizieren, die man beispielsweise auf der Homepage der Hersteller oder in der Zulassungsbescheinigung Teil I (umgangssprachlich Kfz-Schein) unter der Kennziffer V.7 als Gramm CO_2 pro Kilometer als kombinierter Wert findet. Hierzu kann man anmerken, dass den ausgewiesenen Werten Annahmen zugrunde liegen, die nicht zwingend den tatsächlichen Begebenheiten entsprechen müssen.
2. Anhand der Tankquittungen lassen sich Aufstellungen der eingesetzten Treibstoffmengen getrennt nach Treibstoffarten erstellen, sodass man durch Multiplikation mit den Emissionsfaktoren der einzelnen Treibstoffe die CO_2-Emissionen berechnen kann.

3. Stellen die CO_2-Emissionen des Fuhrparks nur eine untergeordnete Rolle dar, kann es unter Umständen auch genügen, anhand des Buchhaltungskontos „Kfz-Betriebsstoffe" die Mengen der eingesetzten Treibstoffe anhand der Durchschnittspreise des Jahres und der Zusammensetzung des Fuhrparks zu schätzen. Den dadurch entstehenden Ungenauigkeiten kann man durch Sicherheitsaufschläge von beispielsweise 10 – 30% Rechnung tragen.

Emissionen durch Kühlmittelleckagen

Im Bereich der Lebensmittelproduktion, des Lebensmittelgroß- und -einzelhandels sowie der Lebensmitteltransporte ist häufig eine Kühlung der Lebensmittel erforderlich. In diesem Zusammenhang sind nicht nur der (hohe) Energieaufwand der Kühlanlagen, sondern auch unfreiwillige Emissionen von Kühlmitteln zu betrachten. Die eingesetzten Fluorkohlenwasserstoffe können extrem hohe CO_2-Emissionsfaktoren, die das 6.500 – 9.200 fache von CO_2 haben, aufweisen, sodass schon geringfügige Austritte durch Leckage gravierend in der CO_2-Bilanz auswirken können. Das Problem besteht insbesondere bei älteren Anlagen, die häufiger Undichtigkeiten aufweisen. Moderne Anlagen verfügen teilweise über umweltfreundlichere Techniken, dies ist aber kritisch zu hinterfragen. Aus diesem Grund empfehlen wir bei allen Unternehmen, die Kühl- und Klimaanlagen betreiben, Informationen über die eingesetzten und in der Periode aufgefüllten Kühlmittel einzuholen. Die Treibhausgasemissionen lassen sich dann anhand der aufgefüllten Mengen und ihrer Emissionsfaktoren relativ einfach berechnen.

Genauigkeit der Angaben

Am Beispiel der CO_2-Emissionen des Fuhrparks wird deutlich, dass unterschiedliche Berechnungsmethoden mit unterschiedlichem Aufwand verbunden sind und zu unterschiedlichen Genauigkeiten führen. In der Praxis stellt sich folglich die Frage der adäquaten Methode. Dies hängt unseres Erachtens vom Berechnungszweck ab. Handelt es sich um wesentliche Posten und soll die Berechnung Basis einer Managemententscheidung werden, so ist die genauere Methode vorzuzuziehen, um Fehlentscheidungen zu vermeiden. Dient die Berechnung daher lediglich Informationszwecken kann die einfachere Methode vollkommen ausreichen. Sollen die Berechnungen die Basis von Kompensationsmaßnahmen zur Herstellung der Klimaneutralität darstellen, so kann es sinnvoll sein, eine einfachere Berechnungsmethode zu wählen und den dadurch entstehenden Unsicherheiten durch Sicherheitsaufschläge von beispielsweise 10 – 30% Rechnung zu tragen. Dieser Ansicht liegt die Überlegung zu Grunde, dass der Aufwand in durch Sicherheitsaufschlägen erhöhte Investitionen für Klimaschutzprojekte für die Umwelt besser angelegt ist als in zusätzliche Arbeitsleistungen der Berechnung und Prüfung der Treibhausgasemissionen. Die Abwägung zwischen den Berechnungsmethoden mit unterschiedlichem Arbeitsaufwand muss daher in jedem Einzelfall anhand der jeweiligen Besonderheiten getroffen werden.

5.3 Prüfung der nichtfinanziellen Erklärung bzw. integrierten Berichterstattung

5.3.1 Prüfungsansatz

Erfolgt die Nachhaltigkeitsberichterstattung als nichtfinanzielle Erklärung oder in Form einer integrierten Berichterstattung im Lagebericht, so ist sie nach Auffassung des Berufsstands Teil des Lageberichts[164]. Für die Prüfung des Lageberichts sind die Prüfungsstandards IDW PS 350ff maßgeblich. Es ist in nächster Zeit mit der Veröffentlichung von Entwürfen für zwei neue Prüfungsstandards **IDW EPS 351** zur Behandlung der Angaben zur nichtfinanziellen Berichterstattung sowie **IDW EPS 352** zur inhaltlichen Prüfung der Angaben zur nichtfinanziellen Berichterstattung im Rahmen der Abschlussprüfung zu rechnen, sodass der Berufsstand in absehbarer Zukunft fundierte Anleitungen für die Prüfung erhalten wird, denen wir an dieser Stelle nicht vorgreifen möchten.

Bis zur Veröffentlichung der speziellen Prüfungsstandards sind die Regelungen des **IDW PS 350 n.F.** zur Prüfung des Lageberichts im Rahmen der Abschlussprüfung anzuwenden, die in der aktuellen Fassung vom 12.12.2017 einen gesonderten Abschnitt zur nichtfinanziellen Berichterstattung enthält. Er enthält – wie bereits ausführlich dargestellt[165] – die Klarstellung, dass (bisher) keine inhaltliche Prüfungspflicht für die nichtfinanzielle Erklärung besteht, sondern nur verpflichtet zu prüfen ist, ob die nichtfinanzielle Erklärung vorgelegt wurde.

Erfolgt eine freiwillige Beauftragung zur Prüfung der nichtfinanziellen Berichterstattung im Lagebericht, so gelten grundsätzlich die allgemeinen Grundsätze zum Prüfungsansatz des IDW PS 350 n.F.:

- Planung der Prüfung
- Festlegung der Wesentlichkeit
- Identifizierung und Beurteilung der Risiken wesentlicher falscher Angaben
- Reaktion auf die beurteilten Risiken
- Beurteilung der festgestellten falschen Angaben
- Dokumentation und Bildung des Prüfungsurteils[166]

Da die inhaltliche Prüfung der nichtfinanziellen Berichterstattung momentan stets auf freiwilliger Basis erfolgt, können Prüfungsumfang und die zugrundeliegenden Prüfungsstandards frei vereinbart werden.[167] Art und Umfang des konkreten Prüfungsauftrags bestimmen somit den konkreten Prüfungsansatz. Der im nachfolgenden Abschnitt beschriebene Prüfungsansatz für Berichte im Bereich der Nachhaltigkeit hat – gegebenenfalls in verkürzter Form – auch für die inhaltliche Prüfung der nichtfinanziellen Prüfung Relevanz.[168]

---

164 Vgl. IDW (2019), Tz. B29.

165 Vgl. hierzu die ausführliche Darstellung zum IDW PS 350 n.F. im Abschnitt 5.1.

166 Auf eine ausführliche Darstellung des Prüfungsansatzes des IDW PS 350 wird an dieser Stelle verzichtet, da davon auszugehen ist, dass er im Berufsstand bereits hinreichend bekannt ist.

167 Vgl. hierzu die ausführliche Darstellung in Abschnitt 5.1.

168 Vgl. Abschnitt 5.4.1.

5.3.2 Berichterstattung

Bei der Berichterstattung der nichtfinanziellen Erklärung beziehungsweise der integrierten Berichterstattung sind zwei Fälle zu unterscheiden:

1. Keine Prüfung der nichtfinanziellen Erklärung durch den Wirtschaftsprüfer
2. Freiwillige inhaltliche Prüfung der nichtfinanziellen Erklärung durch den Wirtschaftsprüfer.

Kritisch ist der erste Fall, in dem ist es wichtig ist, in Prüfungsbericht und Bestätigungsvermerk an geeigneter Stelle eindeutige Hinweise aufzunehmen, dass Teile des Lageberichts inhaltlich ungeprüft sind. Denkbar ist ein Hinweis im Abschnitt zum **Auftrag.** Möglich ist ein Hinweis, dass der Lagebericht sonstige Informationen enthält, deren inhaltliche Prüfung nicht Gegenstand des Auftrags sind. Zwingend erforderlich ist ein entsprechender Hinweis im Berichtsteil zu **Gegenstand, Art und Umfang der Prüfung.** Hier ist ein Absatz einzufügen, in dem erläutert wird, dass die sonstigen Informationen im Sinne des ISA 720 (DE) nicht prüfungspflichtig sind und durch den Abschlussprüfer lediglich gelesen und gewürdigt wurden.

Praxistipp:
Formulierungsbeispiel für den Abschnitt Gegenstand, Art und Umfang der Prüfung des Prüfungsberichts:

Nicht Gegenstand unserer Prüfung waren die sonstigen Informationen im Sinn des ISA 720 (Revised) (EDE), die in dem gleichnamigen Abschnitt des in diesem Prüfungsbericht wiedergegeben Bestätigungsvermerks angeben sind. Die sonstigen Informationen haben wir mit Ausnahme von folgenden sonstigen Informationen …, die uns bis zum Datum unseres Bestätigungsvermerks noch nicht zur Verfügung gestellt wurden, gelesen. Wir haben die sonstigen Informationen dahingehend gewürdigt, ob sie wesentliche Unstimmigkeiten zum Jahresabschluss, Lagebericht oder den bei der Prüfung erlangten Kenntnissen oder mögliche Falschdarstellungen aufweisen.

Alternative 1: keine Beanstandungen: Auf Grundlage unserer Tätigkeit haben wir diesbezüglich nichts zu berichten.

Alternative 2: wesentliche, nicht korrigierte Feststellungen: Die sonstigen Informationen enthalten die Informationen über …, dass …, die im Widerspruch zu der Information steht, dass …. Der Vorstand hat uns hierzu erklärt, dass …. Eine tiefergehende Prüfungssachverhalts war nicht Gegenstand unseres Auftrags.

Alternative 3: noch fehlende sonstige Informationen: In Bezug auf folgende Informationen zu …, die uns bis zum Abschluss der Prüfung noch nicht zur Verfügung standen, hat uns die Gesellschaft in einer Anlage zur Vollständigkeitserklärung zugesichert, diese bis zum … zur Verfügung zu stellen.

Im Fall der freiwilligen Prüfung der nicht finanziellen Informationen sollte in dem Abschnitt Gegenstand, Art und Umfang der Prüfung eine kurze Erläuterung zur freiwilligen Beauftragung erfolgen.

Im Bestätigungsvermerk ist klar und deutlich herauszustellen, welche Teile von Jahresabschluss und Lagebericht durch den Abschlussprüfer geprüft und inhaltlich nicht geprüft wurden. Daher muss der Bestätigungsvermerk an allen relevanten Stellen (Prüfungsurteil, Vermerk über die Prüfung, sämtliche Textpassagen zum Lagebericht, Verantwortlichkeiten, gesetzliche und rechtliche Anforderungen etc.) eindeutige Ausschlüsse der nichtfinanziellen Erklärung enthalten.

Praxistipp:
Formulierungsbeispiel für den Bestätigungsvermerk:

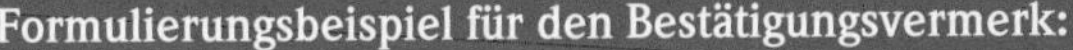

Abschnitt zu Prüfungsurteile

Wir haben den Jahresabschluss der XY GmbH, Musterstadt – bestehend aus … – geprüft. Darüber hinaus haben wir den Lagebericht der XY GmbH für das Geschäftsjahr vom … bis zum … geprüft. Die nichtfinanzielle Erklärung gemäß § 289b HGB sowie die Erklärung zur Unternehmensführung nach § 289f Abs. 4 HGB (Angaben zur Frauenquote) haben wir in Einklang mit den deutschen gesetzlichen Vorschriften nicht inhaltlich geprüft.

Nach unserer Beurteilung aufgrund der bei der Prüfung gewonnenen Erkenntnisse

- entspricht der beigefügte Jahresabschluss in allen wesentlichen Belangen … und
- vermittelt der beigefügte Lagebericht insgesamt ein …. Unser Prüfungsurteil zum Lagebericht erstreckt sich nicht auf den Inhalt der oben genannten nichtfinanzielle Erklärung sowie die Erklärung zur Unternehmensführung.

Gemäß § 322 Abs. 3 Satz 1 HGB erklären wir, dass unsere Prüfung zu keinen Einwendungen gegen die Ordnungsmäßigkeit des Jahresabschlusses und des Lageberichts geführt hat.

Abschnitt zu Grundlage für die Prüfungsurteile

Wir haben unsere Prüfung des Jahresabschlusses und des Lageberichts in Übereinstimmung mit § 317 HGB …

Sonstige Informationen

Die gesetzlichen Vertreter sind für die sonstigen Informationen verantwortlich. Die sonstigen Informationen umfassen die von uns vor Datum dieses Bestätigungsvermerks erlangte nichtfinanzielle Erklärung gemäß § 289b HGB sowie die Erklärung zur Unternehmensführung nach § 289f Abs. 4 HGB (Angaben zur Frauenquote). Der Bericht … wird uns voraussichtlich nach dem Datum des Bestätigungsvermerks zur Verfügung gestellt.

Unsere Prüfungsurteile zum Jahresabschluss und Lagebericht erstrecken sich nicht auf die sonstigen Informationen, und dementsprechend geben wir weder ein Prüfungsurteil noch irgendeine andere Form von Prüfungsschlussfolgerung hierzu ab.

Im Zusammenhang mit unserer Prüfung haben wir die Verantwortung, die sonstigen Informationen zu lesen und dabei zu würdigen, ob die sonstigen Informationen

- wesentliche Unstimmigkeiten zum Konzernabschluss, zum Konzernlagebericht oder unseren bei der Prüfung erlangten Kenntnissen aufweisen oder
- anderweitig wesentlich falsch dargestellt erscheinen.

Alternative: Entbindung von der Verschwiegenheitspflicht liegt vor: Falls wir auf Grundlage der von uns zu den vor dem Datum dieses Bestätigungsvermerks erlangten sonstigen Informationen] durchgeführten Arbeiten den Schluss ziehen, dass eine wesentliche falsche Darstellung dieser sonstigen Informationen vorliegt, sind wir verpflichtet, über diese Tatsache zu berichten. Wir haben in diesem Zusammenhang nichts zu berichten.

Fehlende, unzutreffende oder unvollständige Angaben zur **Frauenquote** sind berichtspflichtig und können Auswirkungen auf den Bestätigungsvermerk haben.[169] In diesem Zusammenhang ist zu beachten, dass bei Nichterfüllung der Geschlechtermindestquoten für den Aufsichtsrat, die für das unterpräsentierte Geschlecht vorgesehenen Plätze freibleiben müssen.[170] Auch hieraus können sich Berichtspflichten ergeben.

Die Erklärung zur Unternehmensführung, die das **Diversitätskonzept** enthält, muss in den Lagebericht aufgenommen werden. Alternativ besteht die Möglichkeit, diese Informationen auf der Homepage des Unternehmens öffentlich zugänglich zu machen. Der Abschlussprüfer muss lediglich prüfen, ob ein Diversitätsstatement vorliegt. Die inhaltliche Prüfung des Statements ist nicht erforderlich.

5.4 Prüfung von Berichten im Bereich der Nachhaltigkeit

5.4.1 Prüfungsansatz

Aufgrund der Tatsache, dass es Deutschland bisher keine gesetzliche Prüfungspflicht für Berichte im Bereich der Nachhaltigkeit gibt, können Prüfungsgegenstand, Prüfungsziel und zugrundliegende Prüfungsstandards zwischen Prüfer und Auftraggeber frei vereinbart werden. Es bieten sich der im Jahr 2006 verabschiedete **IDW PS 821**: zur ordnungsmäßigen Prüfung oder prüferischer Durchsicht von Berichten im Bereich der Nachhaltigkeit sowie der internationale **ISAE 3000** für betriebswirtschaftliche Prüfungen, die keine Prüfungen oder prüferische Durchsichten vergangenheitsorientierter Finanzinformationen sind, in der Fassung aus dem Jahr 2013 an. Da die beiden Standards sich inhaltlich nicht wesentlich unterscheiden, erfolgen Prüfungen von Nachhaltigkeitsberichten in der Regel nach dem ak-

[169] Vgl. IDW (2019), Tz. M 262.
[170] Vgl. IDW (2019), Tz. M 260.

tuellerem ISAE 3000, den wir bereits oben ausführlich erläutert haben.[171] Ein Nachteil des ISAE 3000 stellt insofern seine Internationalität dar, dass er keine Regelungen zu nationalen Rechtsvorschriften oder Besonderheiten hat. Aus diesem Grund empfiehlt es sich auch bei Prüfungen gemäß ISAE 3000 den deutschen IDW PS 821 hinzuzuziehen. Dies empfiehlt sich auch aus einem zweiten Grund, denn der IDW PS 821 enthält eine ganze Reihe an Beispielen für konkrete Prüfungshandlungen, die auch bei einer Prüfung gemäß ISAE 3000 sehr hilfreich sein können. Es ergibt sich somit grundsätzlich folgender Prüfungsansatz, der von der konkreten Beauftragung und dem Grad der zu erzielenden Prüfungssicherheit abhängt:[172]

- Prüfungsziele
  - Grundsätze für die Auftragsdurchführung
  - Vollständigkeit der Kriterien und des zu prüfenden Berichts
  - Richtigkeit des Berichts
  - Klarheit und Verständlichkeit des Berichts
- Auftragsdurchführung
  - Verständnis des Unternehmens
  - Prüfungsplanung
  - Prüfungsdurchführung
    - Systemprüfung
    - Aussagebezogene Prüfungshandlungen
      - Analytische Prüfungshandlungen
      - Einzelfallprüfungen
    - Besonderheiten bei begrenzter Prüfungssicherheit
    - Einhaltung nachhaltigkeitsbezogener Normen
    - Beurteilung der Gesamtaussage
    - Verwertung von Untersuchungen Dritter
- Dokumentation

Diesen Ansatz möchten wir im Folgenden erläutern:

- Prüfungsziele
  - **Angemessenheit der angewandten Kriterien**
    Zur Erfüllung der Informationsbedürfnisse der Berichtsadressaten müssen die angewandten Kriterien, die beispielsweise aus den GRI-Standards übernommen werden dürfen, folgende Bedingungen erfüllen:
    - Relevanz: Kriterien müssen für den Berichtsgegenstand aussagekräftig sein.
    - Eignung: Kriterien müssen für die Berichtsaussage geeignet sein.
    - Verlässlichkeit: Kriterien müssen eine hinreichend schlüssige Beurteilung und Bewertung ermöglichen und nachprüfbar sein.
    - Neutralität
    - Verständlichkeit: Kriterien müssen für den Adressaten verständlich und nicht anfällig für Fehlinterpretationen sein.

---

171 Vgl. Abschnitt 5.1.

172 Vgl. Ausführungen zu hinreichender und begrenzter Prüfungssicherheit im Abschnitt 5.1.

- **Vollständigkeit der Kriterien und des zu prüfenden Berichts:**
  Nachhaltigkeitsberichte müssen alle wesentlichen Kriterien[173] berücksichtigen und alle Angaben enthalten, die erforderlich sind, um sich ein umfassendes Bild über die Auswirkungen des Unternehmens machen zu können.
- **Richtigkeit des Berichts**
  Alle Angaben müssen objektiv nachprüfbar, Annahmen und Absichten sowie Schlussfolgerungen müssen plausibel und schlüssig und frei von Widersprüchen sein.
- **Klarheit und Verständlichkeit des Berichts**
  Der Bericht soll klar gegliedert sein und darf kein irreführendes Bild vermitteln. Zahlenangaben sollen mit Vorjahresangaben zur Vergleichsmöglichkeit erfolgen Folgeberichte sollen in der Gliederung und bezüglich der verwendeten Kennzahlen stetig gleichbleiben. Folgende Gliederung kommt in Betracht:
  - Gegenstand der Berichterstattung (z.B. CO_2-Bilanz, Umweltbericht, umfassender Nachhaltigkeitsbericht)
  - Berichtseinheit (z.B. Gesellschaft, Werk, Konzern)
  - Zeitraum der Berichterstattung und Zeitpunkt der Fertigstellung
  - Kriterien der Berichterstattung und deren Grundlage, gegebenenfalls Möglichkeit der Einsichtnahme
  - Aussage über die Einhaltung der Kriterien und Zielerreichung

- Auftragsdurchführung
  - **Verständnis des Unternehmens**
    Neben dem Verständnis von Unternehmen und Unternehmenstätigkeiten im nationalen und internationalen Umfeld und Branchenkontext umfasst dies die einschlägigen Managementsysteme, Nachhaltigkeitspolitik und anstehende Vorhaben. Wichtig sind insbesondere Informationen über die Beschaffungspolitik, Betriebsbesichtigungen einschließlich der relevanten Anlagen, Produktsortimente und Standorte.
  - **Prüfungsplanung**
    Nach der Festlegung der Wesentlichkeitsgrenzen[174] sind die Prüfungshandlungen nach pflichtgemäßem Ermessen zu planen. Eine lückenlose Prüfung ist im Regelfall nicht erforderlich, Stichprobenumfänge sind in Abhängigkeit von Wesentlichkeit und Einschätzungen des Fehlerrisikos festzulegen.
  - **Prüfungsdurchführung**
    - Systemprüfung
      Sofern die Verhältnisse nicht sehr überschaubar sind, ist das Berichtssystems des Unternehmens im Rahmen einer Aufbau- und Funktionsprüfung zu prüfen. Die Aufbauprüfung erfolgt als Soll-Ist-Vergleich zwischen dem bestehenden Informationssystem mit einem individuell abgeleiteten Soll-Objekt. Im Rahmen von Funktionsprüfungen wird die Wirksamkeit des Systems geprüft. Stellt sich das System als wirksam dar, kann der Umfang der aussagebezogenen Prüfungshandlungen reduzieren, ein völliger Verzicht auf aussagebezogene Prüfungshandlungen ist nicht zulässig. Erweist sich das System als nicht wirksam und führen aussagebezogenen

173 Vgl. Abschnitt 3.3.1. zur Wesentlichkeit.
174 Vgl. Abschnitt 3.3.1. zur Wesentlichkeit.

Prüfungshandlungen zu keiner hinreichenden Prüfungssicherheit, liegt ein Prüfungshemmnis vor.

- Aussagebezogene Prüfungshandlungen
  - Analytische Prüfungshandlungen
    Plausibilitätschecks erfolgen als Vergleiche von Kennzahlen mit Vergleichszahlen, die aus dem Jahresabschluss bzw. Betriebs-, Branchen-, Zeitreihen stammen können. Analytische Prüfungshandlungen können den Umfang von Einzelfallprüfung vermindern, der vollständige Verzicht auf Einzelfallprüfungen ist unzulässig.
  - Einzelfallprüfungen
    Die konkret durchzuführenden Einzelfallprüfungen hängen von den Umständen des Einzelfalls an und sind nach pflichtgemäßem Ermessen festzulegen.

Praxistipp:
Beispiele für durchzuführende Prüfungshandlungen bezüglich der CO_2-Emissionen sind:

- **Scope-1-Emissionen:**
  - Prüfung der Menge der eingesetzten **fossilen Brennstoffe** (Gas, Öl, Kohle, Benzin, Diesel, Kerosin, etc.)
    - anhand der Eingangsrechnungen, Tankquittungen,
    - Verplausibilisierung anhand von Zähler- und Kilometerständen zu Beginn und Ende der Periode
    - Verplausibilisierung durch Berechnung der für die erzeugten Produkte notwendigen Einsatzstoffe (beispielsweise anhand von Rezepten oder mit Hilfe chemischer Formeln)
  - **Fluorkohlenwasserstoffe**
    - Sichtung der technischen Protokolle zur Inspektion, Wartung, Reparatur von Kühlanlagen
    - Eingangsrechnungen

- **Scope-2-Emissionen:**
  - Eingangsrechnungen für Strom und Dampf bezüglich Menge und Energiemix

- **Scope-3-Emissionen:**
  - Bezogene Roh-, Hilfs- und Betriebsstoffe, Waren und Dienstleistungen
  - Heizungs- und Nebenkostenabrechnungen für gemietete Immobilien
  - Rechnungen für Ein- und Ausgangsfrachten
  - Rechnungen für Flugtickets
  - Rechnungen/Quittungen für Bahnfahrten und ÖPNV
  - Rechnungen der Entsorger für Abfallmengen und Entsorgungswege

IDW PS 821 hält einen relativ umfangreichen Katalog an Beispielen für Einzelfallprüfungshandlungen für diverse Nachhaltigkeitskriterien.

  - Besonderheiten bei begrenzter Prüfungssicherheit
    In Abhängigkeit vom konkreten Auftrag erstrecken sich die Prüfungshandlungen auf Befragungen. Systemprüfungen werden im Regelfall nicht durchgeführt, analytische und Einzelfallprüfungshandlungen nur im begrenzten Umfang.
  - Einhaltung nachhaltigkeitsbezogener Normen
    Die Prüfung von Berichten im Bereich der Nachhaltigkeit ist grundsätzlich keine Compliance-Prüfung und erstreckt sich somit grundsätzlich nicht auf Vorschriften zu Umweltschutz, Sozialrecht etc. Stellt die Einhaltung bestimmter Normen jedoch ein Kriterium dar, so ist die Einhaltung dieser Normen Gegenstand der Prüfung. In diesem Fall empfiehlt es sich neben anderen Prüfungshandlungen, sich die Einhaltung der Normen im Rahmen der Vollständigkeitserklärung bestätigen zu lassen.
  - Beurteilung der Gesamtaussage
    Basierend auf allen gemachten Prüfungsfeststellungen fasst der Wirtschaftsprüfer sein Prüfungsergebnis in einer Gesamtaussage zusammen. Negative Feststellungen sind dabei im relevanten Umfang zu berücksichtigen. Relevant für das Prüfungsurteil sind alle bis zum Datum der Bescheinigung eingetretenen Ereignisse.
  - Verwertung von Untersuchungen Dritter
    Der Wirtschaftsprüfer zieht im erforderlichen Umfang erfolgte Prüfungen und Zertifizierungen und Sachverständige hinzu. Ihre Kompetenz und berufliche Qualifikation ist nach Maßgabe der Berufsgrundsätze der Wirtschaftsprüfer zu beurteilen. Die Ergebnisse der Sachverständigen sind zumindest kritisch zu würdigen. Ist ihm dies mangels Fachkompetenz nicht möglich, so muss der Auftrag zwischen Wirtschaftsprüfer und Sachverständigen in der Form aufgeteilt werden, dass beide Parteien gesonderte Bescheinigungen erteilen.
- Dokumentation
  Alle relevanten Sachverhalte und Prüfungsnachweise sind angemessen zu dokumentieren.

5.4.2 Berichterstattung

Der Wirtschaftsprüfer erstellt zum Abschluss der Prüfung einen **Prüfungsbericht**, der eine Bescheinigung enthält. Die **Bescheinigung** enthält die Ergebnisse der Prüfung und ist an die konkreten Umstände des Auftrags angepasst. Die Bescheinigung sollte folgende Abschnitte enthalten:

- Überschrift
- Adressat (Auftraggeber)
- Einleitender Abschnitt (geprüfter Bericht, Kriterien, Verantwortlichkeiten)
- Beschreibender Abschnitt (Zeitraum, geprüfte Einheit, Leistungsbereiche)
- Prüfungsurteil
- Eventuell ergänzende Aussagen
- Datum und Unterschrift

Praxistipp:
Der IDW Prüfungsstandard IDW PS 821 enthält **Musterformulierungen** für Bescheinigungen aus der Prüfung, prüferischen Durchsicht eines ganzen oder von Teilen von Berichten im Bereich der Nachhaltigkeit.

Des Weiteren besteht eine **Redepflicht**, nach der unverzüglich die gesetzlichen Vertreter des Unternehmens zu unterrichten sind, wenn schwerwiegende Mängel im Managementsystem, Bestandsgefährdungen, die Entwicklung wesentlich beeinträchtigende Tatsachen oder schwerwiegende Verstöße gegen Vorschriften im Bereich der Nachhaltigkeit festgestellt oder bekannt werden.

Erwarten Mandanten die Bestätigung des Wirtschaftsprüfers auf einer vorformulierten Bescheinigung, so sind die Hinweise des **Positionspapiers des IDW: Vorformulierte Bescheinigungen**[175] zu beachten. Der Wirtschaftsprüfer hat sorgfältig zu prüfen, ob die Bescheinigung alle gesetzlichen und berufsrechtlichen Anforderungen erfüllt und aus haftungsrechtlichen Gründen einwandfrei ist. Zu beachten ist dabei insbesondere Folgendes:

- **Klare Abgrenzung der Verantwortlichkeiten**: Mandant verantwortet die Richtigkeit der Angaben, der Wirtschaftsprüfer die ordnungsgemäße Prüfung
- **Klare Abgrenzung des Prüfungsgegenstands**, damit das Prüfungsurteil richtig eigeordnet werden kann
- Zugrundlegung **eindeutiger Kriterien (Sollobjekt)**: Ohne eindeutigen Beurteilungsmaßstab gibt es keine eindeutige Beurteilung
- **Verhältnismäßigkeit** und **Wirtschaftlichkeit** der Prüfung: Prüfungsanforderungen müssen in angemessener Zeit mit angemessenem Aufwand durchführbar sein:
- Verhältnismäßigkeit zwischen Informationsbedürfnissen der Verwender bzw. Entscheider und erlangter Prüfungssicherheit
- Angemessenheit von Verlässlichkeit der Informationen und deren Kosten
- **Eindeutigkeit des Prüfungsurteils**: Prüfungsurteil darf nicht den Anschein einer höheren Prüfungssicherheit geben, als tatsächlich vorliegt. Der Prüfungsgegenstand muss im Prüfungsurteil den Prüfungsanforderungen entsprechen.
- **Notwendigkeit von Modifizierungen des Prüfungsurteils und von Hinweisen in der Bescheinigung**: Wirtschaftsprüfer muss sein Prüfungsurteil gemäß § 43 Abs. 1 Satz 1 WPO selbst bilden und selbst entscheiden können, ob er ein uneingeschränktes, eingeschränktes Prüfungsurteil gibt oder es versagt oder auf Besonderheiten hinweist. Diese Möglichkeiten muss es in der Bescheinigung geben.
- **Hinweise auf Allgemeine Auftragsbedingungen und Haftungsvereinbarungen:** Die Möglichkeit der Haftungsbeschränkung gegenüber dem Adressaten und Dritten ist für den Wirtschaftsprüfer elementar.
- **Adressierung an den Auftraggeber und Abgrenzung des Empfängerkreises:** Das rechtliche Auftragsverhältnis verlangt die Adressierung an den Auftraggeber.

Mängelbehaftete Bescheinigungen sind entsprechend anpassen. Sollte dies nicht möglich ein, muss der Auftrag abgelehnt werden.[176]

[175] Vgl. IDW (2015).
[176] Vgl. Abschnitt 5.1.

6 Ausblick

Wenn Sie das Buch in Händen halten können Sie es im Rückblick auf das Jahr 2019 sehen, in dem das Thema Nachhaltigkeit mit großem Schwung Fahrt aufgenommen hat. Gefühlt hat sich in diesem Bereich im laufenden Jahr mehr getan als in den ganzen 15 Jahren zuvor. Glauben heute 86 % der Deutschen an den menschenverursachten Klimawandel[177], so waren es 3 Jahre zuvor nur 55 %[178]. Vor 15 Jahren als wir Autoren anfingen uns ernsthaft mit dem Thema zu befassen, gab es einen wissenschaftlichen Konsens über den Menschen als Verursacher des Klimawandels[179], um hierfür aber überhaupt ein Publikum zu erreichen musste man viel Überzeugungsarbeit leisten.[180]

Als Eltern schulpflichtiger Kinder sehen auch wir die Schülerstreiks und den Hype um Greta Thunberg mit gemischten Gefühlen.[181] Es ist zweifelsfrei bewundernswert, wieviel eine junge Schülerin mit konsequentem Handeln erreicht hat. Andererseits herrscht in Deutschland Schulpflicht und es ist grundsätzlich bedenklich, wenn eine politische Bewegung die Institution Schule für ihre Zwecke instrumentalisiert.[182] Doch genau diese Diskrepanz, dieser Regelbruch ist Ursache für den Erfolg der Klimabewegung um Greta Thunberg, die in kürzester Zeit mehr erreicht hat als Generationen von Umweltaktivisten und Klimaforschern vor ihr.

Wir brauchen unbedingt Vorbilder wie Greta Thunberg, die sich kompromisslos für eine Sache engagieren. Dennoch wird dieses Modell des absoluten Verzichts kein Modell sein, was große Veränderungen in unserer Gesellschaft bewirkt. Große Veränderungen treten erst ein, wenn ein Thema wirklich das Handeln der Massen erreicht und transformiert – und sei es, weil bestimmte Handlungsweisen gerade in Mode sind. Vegane Ernährung wird gerade zu einem solchen Trendthema. Ähnlich ist es auch im geschäftlichen Kontext. Aus der langjährigen Erfahrung mit der Klimaschutz- und Nachhaltigkeitsberatung wissen wir, dass der Anteil an tatsächlich idealistischen Unternehmen, die mit hoher Motivation und aus eigenem Antrieb Nachhaltigkeitsthemen voranbringen, bei nicht mehr als 20 Prozent liegt. Die restlichen 80 Prozent der Unternehmen sind eher passiv und abwartend und setzen das Thema Nachhaltigkeit erst um, wenn sich daraus auch wirtschaftliche Erfolge ergeben oder wenn sie durch Marktdruck oder Regulierung dazu gezwungen wird. Diese ebenfalls zum Thema Nachhaltigkeit zu motivieren, ist die viel größere Herausforderung, und dies gelingt am besten, wenn man Strukturen schafft, in denen es für ein Unternehmen attraktiv ist, sich dem Thema zu widmen.

Nachhaltiges Handeln darf, ja muss sogar, Spaß machen und auch manche Widersprüche zulassen. So wurde uns beispielsweise erst kürzlich von einem in Sachen Nachhaltigkeit

177 ARD (2019).

178 Klimafakten.de (2019).

179 Klimafakten.de (2016).

180 Vgl. Völker-Lehmkuhl (2006) mit ausführlicher Einleitung, in der versucht wird, Klimaskeptiker einzufangen.

181 Unsere eigenen Kinder sind für Freitags-Demonstrationen noch zu klein, daher bleiben uns familiäre Diskussionen, ob Klimaschutz oder Abitur wichtiger sind, noch erspart.

182 Siehe dazu auch einen kürzlich erschienenen Beitrag aus den ClimatePartner *Climate News*, der den Einfluss der *Fridays for Future* Bewegung auf die Nachhaltigkeitspolitik von Unternehmen darstellt Reisinger (2019).

sehr engagierten Unternehmer berichtet, der seinen aus zwei SUVs und einem sehr schnellen offenen Sportwagen bestehenden familiären Fuhrpark zur Nutzung von Zuschüssen und Steuervorteilen nun um ein Lastenfahrrad und ein Elektroauto erweitern wolle. Beim näheren Nachdenken fanden wir sein Verhalten dann doch sehr vernünftig. Wir stellten nämlich fest, dass Lastenfahrrad und E-Auto im täglichen Leben tatsächlich im Einsatz sind. Die Parkplatzsuche gestaltet sich damit wesentlich einfacher, beides genießt vor der KITA höchstes Ansehen und es macht tatsächlich auch Spaß. Einen SUV hat er bereits verkauft, der Verkauf des anderen SUV wird derzeit ernsthaft überlegt. Dem verbleibenden Cabrio mit viel PS würden wir jetzt nicht unbedingt das Prädikat „besonders klimafreundlich" verleihen, da es aber anscheinend oft in der Garage stehen bleibt, möchten wir unserem Freund den Spaß an gelegentlichen Spritztouren nicht verderben – schließlich hat er durch sein Unternehmen beim Thema Klimaschutz um ein vielfaches mehr erreicht, als die meisten anderen durch eine Anpassung ihres privaten Konsumverhaltens jemals erreichen könnten.

Spaß an der Sache ist immer sehr motivierend. Dies gilt auch oder besonders in Sachen der Nachhaltigkeit. Es ist erwiesen, dass die Rinderhaltung aufgrund des Methanausstoßes der Wiederkäuer eine nicht zu vernachlässigende Ursache für den Klimawandel ist. Den Deutschen die Milch zu verbieten, wird auf wenig Gegenliebe stoßen. Aber greifen Sie doch einfach mal im Supermarkt zu Hafer-, Mandel- oder Sojamilch. Wir haben einmal alle Sorten ausprobiert, seitdem sind in unserem Haushalt Hafer-, Mandel- und Kuhmilch im Einsatz. Der Konsum von Kuhmilch hat um ca. 80% abgenommen und alle Familienmitglieder sind mit dem Milchgetränk ganz nach ihrem Geschmack sehr zufrieden. Vielleicht könnten Sie ja die verschiedenen Sorten veganer Milch mal neben der Kaffeemaschine in der Kanzlei platzieren? Die Mitarbeiter werden sich freuen und kein Mandant wird über eine zusätzlich zur üblichen Kaffeesahne servierten Milchalternative zum Kaffee verärgert sein. Ganz im Gegenteil, nach unserer Erfahrung ist es ein schönes Thema zum Gesprächseinstieg, aus dem vielleicht ein umfassender Auftrag für eine Nachhaltigkeitsstrategie oder -prüfung werden kann.

Ähnlich verhält es sich auch mit den heute angebotenen Alternativen zu Fleischprodukten, z.B. Burger-Alternativen. Wir haben alle in diesem Frühjahr und Sommer auf den Markt gebrachten Burger auf Basis von Erbsen- und Sojaprotein durchprobiert. Mit Burger Brötchen, Salat, Tomate, Gurke und Sauce schmecken sie richtig gut. Wir haben es mittlerweile auch mehrmals Gästen beim Grillen angeboten – mit durchweg positiven Erfahrungen. Kein Gast hat den veganen Burger zurückgehen lassen.

Viele Jahre lang wurde das Thema vegetarische oder vegane Ernährung recht verbissen gesehen. Es gab Forderungen nach einem verbindlichen Veggie-Donnerstag, mit dem sich niemand Freunde gemacht hat. Heute gibt es jedoch viele Alternativen – vom veganen Schnitzel über Hot Dog und Bratwürstchen bis hin zu veganem Hackfleisch – die den konventionellen und teilweise auch recht einfältigen Speiseplan z.B. in Kantinen auflockern und bereichern können. Und das ohne Zwang und Vorschriften. Vielleicht trauen sich Kantinenköche und -gäste auch einmal daran? Betriebsfeste wären auch eine gute Gelegenheit, denken Sie bitte auch an das Thema Smalltalk.

Wir haben diese relativ unterhaltsamen Beispiele bewusst gewählt, um Ihnen unsere wichtigste Botschaft aus 15 Jahren beruflicher Arbeit im Bereich Nachhaltigkeit und Klimaschutz weiterzugeben: **Nachhaltigkeit und Klimaschutz funktioniert immer dann am besten, wenn es Spaß macht.** Belehrende Aufkleber in Firmenfahrzeugen mit Hinweisen zum energieeffizienten Fahrverhalten haben wenig positive Wirkung. Firmenevents mit Sprit-Spar-Training und anschließendem Grillfest können viel Spaß machen und der eine oder andere Mitarbeiter wird daraus gewonnene Anregungen mitnehmen und umsetzen. Die hohe Kunst eines guten Nachhaltigkeitsberaters ist es, nachhaltige Ideen mit Leichtigkeit zu präsentieren und damit Spaß und Freude zu verbreiten. Sollten Sie erwägen ein Elektrofahrzeug anzuschaffen, so statten Sie es gut aus. Eine gute Musikanlage, beheizte und belüftete Sportsitze sowie Einparkhilfen machen Spaß und führen dazu, dass es gerne benutzt wird. Die so eingesparten Emissionen sind höher als die durch die Zusatzausstattung verursachten Emissionen.

Mit wenig Leichtigkeit gehen die immer noch überzeugten Klimaskeptiker das Thema an. Sie befinden sich in einigen Staaten auch an den Schaltstellen der Macht und verfügen über ihre Wähler und Anhängerschaft. Diesen Menschen mit Themen der Nachhaltigkeit zu begegnen ist äußerst schwierig. Die zunehmenden Brände im für das Weltklima sehr wichtigen tropischen Regenwald sind durch Brandstiftung verursacht. Es sind wirtschaftliche Interessen Einzelner, die zur Brandstiftung verführen. Es ist eine ökologische Katastrophe, die nicht grundlos auf der Agenda des G7-Gipfels im August 2019 stand. Dies zeigt, dass Nachhaltigkeit und Klimaschutz heute keine Nischenthemen überzeugter Aktivisten mehr sind, sondern das Handeln einer breiten gemäßigten Mehrheit bestimmen.

Wir würden uns sehr freuen, wenn es uns mit diesem Buch gelingt, den einen oder anderen Leser dazu zu verleiten, sich etwas mehr mit Nachhaltigkeitsaspekten zu befassen und dies vielleicht auch an einigen Stellen in sein berufliches und privates Handeln einfließen zu lassen. Als Wirtschaftsprüfer gehören wir zu einer hoch angesehenen Berufsgruppe, unser Wort wird im privaten Kreis und in den Unternehmen gehört.

Das Thema hat auch in der Fachwelt ordentlich Fahrt aufgenommen, wir erwarten in nächster Zukunft hierzu weitere fachliche Veröffentlichungen. Unser besonderer Hinweis dient den angekündigten IDW Prüfungsstandards IDW EPS 351 zur Behandlung der Angaben zur nichtfinanziellen Berichterstattung und IDW EPS 352 zur inhaltlichen Prüfung der Angaben zur nichtfinanziellen Berichterstattung.

7 Anhang: Kategorien und Themen nach GRI

GRI Index	Kategorie	Beschreibung
102-1	Allgemeine Angaben Organisationsprofil	Name der Organisation
102-2	Allgemeine Angaben Organisationsprofil	Aktivitäten, Marken, Produkte und Dienstleistungen
102-3	Allgemeine Angaben Organisationsprofil	Ort des Hauptsitzes
102-4	Allgemeine Angaben Organisationsprofil	Betriebsstätten
102-5	Allgemeine Angaben Organisationsprofil	Eigentum und Rechtsform
102-6	Allgemeine Angaben Organisationsprofil	Bediente Märkte
102-7	Allgemeine Angaben Organisationsprofil	Größenordnung der Organisation
102-8	Allgemeine Angaben Organisationsprofil	Informationen über Angestellte und andere Mitarbeiter
102-9	Allgemeine Angaben Organisationsprofil	Lieferkette
102-10	Allgemeine Angaben Organisationsprofil	Signifikante Änderungen in der Organisation und ihrer Lieferkette
102-11	Allgemeine Angaben Organisationsprofil	Vorsorgeprinzip oder Vorsichtsmaßnahmen
102-12	Allgemeine Angaben Organisationsprofil	Externe Initiativen
102-13	Allgemeine Angaben Organisationsprofil	Mitgliedschaft in Verbänden
102-14	Allgemeine Angaben Strategie	Aussagen der Führungskräfte
102-15	Allgemeine Angaben Strategie	Wichtigste Auswirkungen, Risiken und Chancen
102-16	Allgemeine Angaben Ethik und Integrität	Werte, Richtlinien, Standards und Verhaltensnormen
102-17	Allgemeine Angaben Ethik und Integrität	Verfahren für ethische Beratung und Bedenken
102-18	Allgemeine Angaben Führung	Führungsstruktur
102-19	Allgemeine Angaben Führung	Befugniserteilende Stelle
102-20	Allgemeine Angaben Führung	Verantwortung der Führungsebene für ökonomische, ökologische und soziale Themen

GRI Index	Kategorie	Beschreibung
102-21	Allgemeine Angaben Führung	Einbindung der Stakeholder bei ökonomischen, ökologischen und sozialen Themen
102-22	Allgemeine Angaben Führung	Zusammensetzung des höchsten Kontrollorgans und seiner Gremien
102-23	Allgemeine Angaben Führung	Vorstand des höchsten Kontrollorgans
102-24	Allgemeine Angaben Führung	Nominierung und Wahl des höchsten Kontrollorgans
102-25	Allgemeine Angaben Führung	Interessenkonflikte
102-26	Allgemeine Angaben Führung	Die Rolle des höchsten Kontrollorgans bei der Bestimmung von Aufgaben, Werten und Strategien
102-27	Allgemeine Angaben Führung	Gemeinwissen des höchsten Kontrollorgans
102-28	Allgemeine Angaben Führung	Bewertung der Leistung des höchsten Kontrollorgans
102-29	Allgemeine Angaben Führung	Bestimmung und Management ökonomischer, ökologischer und sozialer Auswirkungen
102-30	Allgemeine Angaben Führung	Effektivität des Risikomanagementprozesses
102-31	Allgemeine Angaben Führung	Prüfung von ökonomischen, ökologischen und sozialen Themen
102-32	Allgemeine Angaben Führung	Die Rolle des höchsten Kontrollorgans bei der Nachhaltigkeits-berichterstattung
102-33	Allgemeine Angaben Führung	Kommunikation kritischer Bedenken
102-34	Allgemeine Angaben Führung	Art und Gesamtzahl kritischer Bedenken
102-35	Allgemeine Angaben Führung	Vergütungspolitik
102-36	Allgemeine Angaben Führung	Verfahren zur Festsetzung der Vergütung
102-37	Allgemeine Angaben Führung	Die Beteiligung der Stakeholder an der Vergütung
102-38	Allgemeine Angaben Führung	Verhältnis der Jahresgesamtvergütung
102-39	Allgemeine Angaben Führung	Verhältnis der prozentualen Erhöhung der Jahresgesamtvergütung
102-40	Allgemeine Angaben Stakeholdereinbeziehung	Liste der Stakeholder-Gruppen
102-41	Allgemeine Angaben Stakeholdereinbeziehung	Tarifverhandlungen
102-42	Allgemeine Angaben Stakeholdereinbeziehung	Bestimmen und Auswählen von Stakeholdern

GRI Index	Kategorie	Beschreibung
102-43	Allgemeine Angaben Stakeholdereinbeziehung	Ansatz für die Stakeholdereinbeziehung
102-44	Allgemeine Angaben Stakeholdereinbeziehung	Schlüsselthemen und Anliegen
102-45	Allgemeine Angaben Vorgehensweise bei der Berichterstattung	Entitäten, die in den Konzernabschlüssen erwähnt werden
102-46	Allgemeine Angaben Vorgehensweise bei der Berichterstattung	Bestimmung des Berichtsinhalts und Themenabgrenzung
102-47	Allgemeine Angaben Vorgehensweise bei der Berichterstattung	Liste der wesentlichen Themen
102-48	Allgemeine Angaben Vorgehensweise bei der Berichterstattung	Neuformulierung der Informationen
102-49	Allgemeine Angaben Vorgehensweise bei der Berichterstattung	Änderungen bei der Berichterstattung
102-50	Allgemeine Angaben Vorgehensweise bei der Berichterstattung	Berichtszeitraum
102-51	Allgemeine Angaben Vorgehensweise bei der Berichterstattung	Datum des aktuellsten Berichts
102-52	Allgemeine Angaben Vorgehensweise bei der Berichterstattung	Berichtszyklus
102-53	Allgemeine Angaben Vorgehensweise bei der Berichterstattung	Kontaktangaben bei Fragen zum Bericht
102-54	Allgemeine Angaben Vorgehensweise bei der Berichterstattung	Aussagen zu Berichterstattung in Übereinstimmung mit den GRI-Standards
102-55	Allgemeine Angaben Vorgehensweise bei der Berichterstattung	GRI-Inhaltsindex
102-56	Allgemeine Angaben Vorgehensweise bei der Berichterstattung	Externe Prüfung
103-1	Managementansätze	Erklärung der wesentlichen Themen und ihre Abgrenzungen
103-2	Managementansätze	Der Managementansatz und seine Komponenten
103-3	Managementansätze	Prüfung des Managementansatzes
201-1	Wirtschaft Wirtschaftliche Leistung	Direkt erwirtschafteter und verteilter wirtschaftlicher Wert

GRI Index	Kategorie	Beschreibung
201-2	Wirtschaft Wirtschaftliche Leistung	Durch den Klimawandel bedingte finanzielle Folgen und andere Risiken und Chancen
201-3	Wirtschaft Wirtschaftliche Leistung	Verpflichtungen aus leistungsorientierten und anderen Pensionspläne
201-4	Wirtschaft Wirtschaftliche Leistung	Finanzielle Unterstützung von Seiten der Regierung
202-1	Wirtschaft Lohnstruktur und regionale Beschäftigung	Verhältnis der nach Geschlecht aufgeschlüsselten Standardeintrittsgehälter zum lokalen Mindestlohn
202-2	Wirtschaft Lohnstruktur und regionale Beschäftigung	Anteil der lokal angeworbenen Führungskräfte
203-1	Wirtschaft Indirekte ökonomische Auswirkungen	Infrastrukturinvestitionen und geförderte Dienstleistungen
203-2	Wirtschaft Indirekte ökonomische Auswirkungen	Erhebliche indirekte ökonomische Auswirkungen
204-1	Wirtschaft Beschaffungspraktiken	Anteil der Ausgaben für lokale Lieferanten
204-1a	Wirtschaft Beschaffungspraktiken	a. Prozentsatz des für die Beschaffung verwendeten Budgets an Hauptgeschäftsstandorten, das für lokale Lieferanten an dem jeweiligen Standort ausgegeben wird (z. B. Prozentsatz der vor Ort eingekauften Produkte und Dienstleistungen).
204-1b	Wirtschaft Beschaffungspraktiken	b. Die geografische Definition der Organisation für „lokal".
204-1c	Wirtschaft Beschaffungspraktiken	c. Die Definition, die für „Hauptgeschäftsstandorte" verwendet wurde
205-1	Wirtschaft Korruptionsbekämpfung	Geschäftsstandorte, die in Hinblick auf Korruptionsrisiken geprüft wurden
205-2	Wirtschaft Korruptionsbekämpfung	Informationen und Schulungen zu Strategien und Maßnahmen zur Korruptionsbekämpfung
205-3	Wirtschaft Korruptionsbekämpfung	Bestätigte Korruptionsvorfälle und ergriffene Maßnahmen
206-1	Wirtschaft Fairer Wettbewerb	Rechtsverfahren aufgrund von wettbewerbswidrigem Verhalten oder Kartell- und Monopolbildung
301-1	Umwelt Materialien	Eingesetzte Materialien nach Gewicht oder Volumen
301-2	Umwelt Materialien	Eingesetzte rezyklierte Ausgangsstoffe
301-3	Umwelt Materialien	Wiederverwertete Produkte und ihre Verpackungsmaterialien
302-1	Umwelt Energie	Energieverbrauch innerhalb der Organisation

GRI Index	Kategorie	Beschreibung
302-2	Umwelt Energie	Energieverbrauch außerhalb der Organisation
302-3	Umwelt Energie	Energieintensität
302-4	Umwelt Energie	Verringerung des Energieverbrauchs
302-5	Umwelt Energie	Senkung des Energiebedarfs für Produkte und Dienstleistungen
303-1	Umwelt Wasser	Wasserentnahme nach Quelle
303-2	Umwelt Wasser	Durch Wasserentnahme erheblich beeinträchtigte Wasserquellen
303-3	Umwelt Wasser	Zurückgewonnenes und wiederverwendetes Wasser
304-1	Umwelt Biodiversität	Eigene, gemietete oder verwaltete Betriebsstandorte, die sich in oder neben Schutzgebieten und Gebieten mit hohem Biodiversitätswert außerhalb von Schutzgebieten befinden
304-2	Umwelt Biodiversität	Erhebliche Auswirkungen von Aktivitäten, Produkten und Dienstleistungen auf die Biodiversität
304-3	Umwelt Biodiversität	Geschützte oder renaturierte Lebensräume
304-4	Umwelt Biodiversität	Arten auf der Roten Liste der Weltnaturschutzunion (IUCN) und auf nationalen Listen geschützter Arten, die ihren Lebensraum in Gebieten haben, die von Geschäftstätigkeiten betroffen sind
305-1	Umwelt Emissionen	Direkte THG-Emissionen (Scope 1)
305-2	Umwelt Emissionen	Indirekte energiebedingte THG-Emissionen (Scope 2)
305-3	Umwelt Emissionen	Sonstige indirekte THG-Emissionen (Scope 3)
305-4	Umwelt Emissionen	Intensität der THG-Emissionen
305-5	Umwelt Emissionen	Senkung der THG-Emissionen
305-6	Umwelt Emissionen	Emissionen Ozon abbauender Substanzen (ODS)
305-7	Umwelt Emissionen	Stickstoffoxide (NO X), Schwefeloxide (SO X) und andere signifikante Luftemissionen
306-1	Umwelt Abwasser und Abfall	Abwassereinleitung nach Qualität und Einleitungsort
306-2	Umwelt Abwasser und Abfall	Abfall nach Art und Entsorgungsmethode
306-3	Umwelt Abwasser und Abfall	Erheblicher Austritt schädlicher Substanzen

GRI Index	Kategorie	Beschreibung
306-4	Umwelt Abwasser und Abfall	Transport von gefährlichem Abfall
306-5	Umwelt Abwasser und Abfall	Von Abwassereinleitungen und/oder Oberflächenabfluss betroffene Gewässer
307-1	Umwelt Umwelt – Compliance	Nichteinhaltung von Umweltschutzgesetzen und -verordnungen
308-1	Umwelt Bewertung Lieferanten hinsichtlich ökologischer Kriterien	Neue Lieferanten, die anhand von Umweltkriterien überprüft wurden
308-2	Umwelt Bewertung Lieferanten hinsichtlich ökologischer Kriterien	Negative Umweltauswirkungen in der Lieferkette und ergriffene Maßnahmen
401-1	Soziales Anstellungsbedingungen	Neu eingestellte Angestellte und Angestelltenfluktuation
401-2	Soziales Anstellungsbedingungen	Betriebliche Leistungen, die nur vollzeitbeschäftigten Angestellten, nicht aber Zeitarbeitnehmern oder teilzeitbeschäftigten Angestellten angeboten werden
401-3	Soziales Anstellungsbedingungen	Elternzeit
402-1	Soziales Arbeitgeber – Arbeitnehmer Kommunikation	Mindestmitteilungsfrist für betriebliche Veränderungen
403-1	Soziales Arbeitssicherheit und Gesundheitsschutz	Repräsentation von Mitarbeitern in formellen Arbeitgeber-Mitarbeiter-Ausschüssen für Arbeitssicherheit und Gesundheitsschutz
403-2	Soziales Arbeitssicherheit und Gesundheitsschutz	Art und Rate der Verletzungen, Berufskrankheiten, Arbeitsausfalltage und Abwesenheit sowie Zahl der arbeitsbedingten Todesfälle
403-3	Soziales Arbeitssicherheit und Gesundheitsschutz	Mitarbeiter mit hohem Auftreten von oder Risiko für Krankheiten, die mit ihrer beruflichen Tätigkeit in Verbindung stehen
403-4	Soziales Arbeitssicherheit und Gesundheitsschutz	Gesundheits- und Sicherheitsthemen, die in formellen Vereinbarungen mit Gewerkschaften behandelt werden
404-1	Soziales Aus- und Weiterbildung	Durchschnittliche Stundenzahl für Aus- und Weiterbildung pro Jahr und Angestellten
404-2	Soziales Aus- und Weiterbildung	Programme zur Verbesserung der Kompetenzen der Angestellten und zur Übergangshilfe
404-3	Soziales Aus- und Weiterbildung	Prozentsatz der Angestellten, die eine regelmäßige Beurteilung ihrer Leistung und ihrer Karriereentwicklung erhalten
405-1	Soziales Vielfalt und Chancengleichheit	Vielfalt in Leitungsorganen und der Angestellten

GRI Index	Kategorie	Beschreibung
405-2	Soziales Vielfalt und Chancengleichheit	Verhältnis des Grundgehalts und der Vergütung von Frauen zum Grundgehalt und zur Vergütung von Männern
406-1	Soziales Gleichbehandlung	Diskriminierungsvorfälle und ergriffene Abhilfemaßnahmen
407-1	Soziales Vereinigungsfreiheit und Recht auf Kollektivverhandlungen	Geschäftsstandorte und Lieferanten, bei denen das Recht auf Vereinigungsfreiheit und Tarifverhandlungen bedroht sein könnte
408-1	Soziales Kinderarbeit	Geschäftsstandorte und Lieferanten mit einem erheblichen Risiko für Vorfälle von Kinderarbeit
409-1	Soziales Zwangs – und Pflichtarbeit	Geschäftsstandorte und Lieferanten mit einem erheblichen Risiko für Vorfälle von Zwangs- oder Pflichtarbeit
410-1	Soziales Sicherheitspersonal, das in Menschenrechtspolitik und -verfahren geschult wurde	Sicherheitspersonal, das in Menschenrechtspolitik und -verfahren geschult wurde
411-1	Soziales Rechte der indigenen Bevölkerung	Vorfälle, in denen Rechte der indigenen Völker verletzt wurden
412-1	Soziales Menschenrechtsprüfung	Geschäftsstandorte, an denen eine Prüfung auf Einhaltung der Menschenrechte oder eine menschenrechtliche Folgenabschätzung durchgeführt wurde
412-2	Soziales Menschenrechtsprüfung	Schulungen für Angestellte zu Menschenrechtspolitik und -verfahren
412-3	Soziales Menschenrechtsprüfung	Erhebliche Investitionsvereinbarungen und -verträge, die Menschenrechtsklauseln enthalten oder auf Menschenrechtsaspekte geprüft wurden
413-1	Soziales Lokale Gemeinschaften Soziale Themen	Geschäftsstandorte mit Einbindung der lokalen Gemeinschaften, Folgenabschätzungen und Förderprogrammen
413-2	Soziales Lokale Gemeinschaften Soziale Themen	Geschäftstätigkeiten mit erheblichen tatsächlichen oder potenziellen negativen Auswirkungen auf lokale Gemeinschaften
414-1	Soziales Bewertung Lieferanten hinsichtlich sozialer Aspekte	Neue Lieferanten, die anhand von sozialen Kriterien überprüft wurden
414-2	Soziales Bewertung Lieferanten hinsichtlich sozialer Aspekte	Negative soziale Auswirkungen in der Lieferkette und ergriffene Maßnahmen
415-1	Soziales Politisches Engagement	Parteispenden
416-1	Soziales Kundengesundheit und -sicherheit	Beurteilung der Auswirkungen verschiedener Produkt- und Dienstleistungskategorien auf die Gesundheit und Sicherheit

GRI Index	Kategorie	Beschreibung
416-2	Soziales Kundengesundheit und -sicherheit	Verstöße im Zusammenhang mit den Gesundheits- und Sicherheitsauswirkungen von Produkten und Dienstleistungen
417-1	Soziales Kennzeichnung und Vermarktung	Anforderungen für die Produkt- und Dienstleistungsinformationen und Kennzeichnung
417-2	Soziales Kennzeichnung und Vermarktung	Verstöße im Zusammenhang mit den Produkt- und Dienstleistungsinformationen und der Kennzeichnung
417-3	Soziales Kennzeichnung und Vermarktung	Verstöße im Zusammenhang mit Marketing und Kommunikation
418-1	Soziales Schutz der Privatsphäre von Kunden	Begründete Beschwerden in Bezug auf die Verletzung des Schutzes und den Verlust von Kundendaten
419-1	Soziales Compliance	Nichteinhaltung von Gesetzen und Vorschriften im sozialen und wirtschaftlichen Bereich

8 Glossar

Begriff	Erläuterung
Angaben zum Managementansatz	Hierunter versteht man die Beschreibung des Unternehmens zum Umgang mit den wesentlichen Nachhaltigkeitsthemen und ihrer Auswirkungen. Diese liefern den Rahmen für die Angaben zu den themenspezifischen Standards.
Aufwendungen für Umweltschutz	Es sind alle Aufwendungen gemeint, um ökologische Aspekte, Auswirkungen und Risiken zu verhindern, zu reduzieren und zu dokumentieren. Hierzu gehören auf Aufwendungen für die Entsorgung, Aufbereitung, Sanierung und Reinigung.
Austritt schädlicher Substanzen	Es handelt sich um den versehentlichen Austritt von Substanzen, die für menschliche Gesundheit, Boden, Flora, Gewässer oder Grundwasser schädlich sind.
Auswirkung	Auswirkung gemäß GRI-Standards ist der Effekt, den ein Unternehmen auf die Wirtschaft, die Umwelt beziehungsweise die Gesellschaft hat und der wiederum auf den positiven oder negativen Beitrag des Unternehmens auf die nachhaltige Entwicklung hindeuten kann. Der Begriff ist sehr allgemein gefasst. Auswirkungen können hierbei positiv, negativ, tatsächlich, unmittelbar, kurzfristig, langfristig, beabsichtigt oder unbeabsichtigt sein. Sie können sich auf das Unternehmen selbst oder auf die Wirtschat, die Umwelt oder Gesellschaft beziehen und Konsequenzen für das Geschäftsmodell, den Ruf oder die Erreichung der Unternehmensziele haben.
Carbon Footprint	Der Carbon Footprint, auch CO_2-Bilanz, CO_2-Fußabdruck, Klimabilanz, Treibhausgasbilanz oder THG-Bilanz genannt, ist die Bilanz aller Treibhausgasemissionen, die durch ein Unternehmen, Produkt oder eine Dienstleistung verursacht werden. Unternehmen, Produkte und Dienstleistungen emittieren selbst oder verursachen indirekt durch die Verbrennung fossiler Energieträger und anderer Aktivitäten Treibhausgasemissionen. Der Carbon Footprint gibt Auskunft über die Höhe dieser Emissionen und identifiziert gleichzeitig Reduktionspotenziale. Zudem bildet er die Grundlage für Klimaneutralität. Der Carbon Footprint darf keinesfalls mit dem ökologischen Fußabdruck verwechselt werden, da dieser neben der globalen Erwärmung weitere Umweltauswirkungen berücksichtigt.
Clean Development Mechanism	Der Clean Development Mechanism (deutsch: Mechanismus für umweltverträgliche Entwicklung, kurz CDM) ist ein wichtiges, im Kyoto-Protokoll vorgesehenes Instrument, das der der wirtschaftlich effizienten Verringerung von Treibhausgasemissionen dient. Ökologisch kann es sinnvoller sein, Projekte zur Emissionsvermeidung und -reduzierung in Schwellen- und Entwicklungsländern und nicht in Industrienationen durchzuführen. Die Klimaschutzprojekte werden in Schwellen- und Entwicklungsländer auf Basis von CDM-Kriterien entwickelt und fördern somit dort die ökologisch nachhaltige Entwicklung. Für die eingesparten Treibhausgasemissionen werden nach strengen Kriterien Emissionsminderungszertifikate ausgestellt. Akteure aus Industrieländern können diese Zertifikate erwerben und sich auf ihre eigenen Reduktionsziele anrechnen. Diesem Instrument liegt die Tatsache zugrunde, dass Treibhausgase global wirken und es daher für den Klimaschutz irrelevant ist an welchem Ort der Erde Treibhausgase verursacht oder vermindert werden.
CO_2-Äquivalente	Mittels CO_2-Äquivalenten werden die im Kyoto-Protokoll reglementierten Treibhausgase Methan (CH_4), Lachgas (N_2O), Schwefelhexafluorid (SF_6), teilhalogenierte Fluorkohlenwasserstoffe (HFCs) Perfluorcarbone (PCFs) sowie Stickstofftrifluorid (NF_3)auf ein einheitliches Maß umgerechnet. CO_2 ist das mit Abstand wichtigste Treibhausgas, da es für etwa 60% des vom Menschen verursachten Klimawandels verantwortlich ist, und dient daher als Referenzwert für die Umrechnung aller Treibhausgase. In der Praxis wird oft vereinfachend von CO_2-Emissionen oder Triebhausgasemissionen (THG-Emissionen) gesprochen, wenn eigentlich CO_2-Äquivalente gemeint sind.

Begriff	Erläuterung
CO_2-Ausgleich	Der Ausgleich unvermeidbarer Emissionen, auch Emissionsausgleich oder Kompensation genannt, stellt nach zuvor zwingend notwendigen Maßnahmen der Emissionsvermeidung und -reduktion den letzten Schritt und wichtigen Baustein eines ganzheitlichen Klimaschutzengagements dar. Es handelt sich um die rechnerische Kompensation der unvermeidbaren Treibhausgasemissionen durch Emissionsminderungszertifikate aus Klimaschutzprojekten. Auf diese Weise können Unternehmen, Produkte und Dienstleistungen klimaneutral gestellt werden.
Dauerhaftigkeit	Dauerhaftigkeit ist eines der vier grundlegenden Kriterien für Klimaschutzprojekte, die sicherstellen müssen, dass ausgewiesene Emissionseinsparungen langfristig erfolgen. So dürfen beispielsweise aufgeforstete Gebiete nicht nach wenigen Jahren abgeholzt oder gerodet werden, da dies die gespeicherte Menge CO_2 wieder freisetzen würde. Daher werden bei Waldschutzprojekten regelmäßig Garantien über 30, 50 oder 100 Jahre gefordert.
Direkte THG-Emissionen	Direkte THG-Emissionen des Scope 1 stammen aus Emissionsquellen des Unternehmens, die sich im Besitz des Unternehmens befinden oder von diesem kontrolliert werden wie beispielsweise Verbrennungsanlagen oder Fahrzeugen mit Verbrennungsmotor.
Diskriminierung	Es handelt sich um die ungleiche Behandlung von Menschen, das Ergebnis ungleicher Behandlung, der Verweigerung von Leistungen anstelle der fairen Behandlung eines Menschen entsprechend seins individuellen Verdiensts. Auch Belästigungen zählen hierzu.
Diverstitätsindikator	Indikator, für den das Unternehmen Daten zu Alter, Abstammung, ethnische Herkunft, Staatsbürgerschaft, Religion, Behinderung und Geschlecht sammelt.
Doppelzählungen	Der Ausschluss von Doppelzählungen ist eines der vier grundlegenden Kriterien für Klimaschutzprojekte. Die Emissionseinsparungen dürfen nur einmal angerechnet werden, ein Weiterverkauf von Emissionszertifikaten ist nicht zulässig. In Industrienationen werden Einsparungen in der nationalen Treibhausgasbilanz erfasst, wo sich auch das freiwillige Engagement Bürgern beispielsweise in Form von privaten Photovoltaikanlagen niederschlägt. Zur Vermeidung von Doppelzählungen können in der Regel keine Zertifikate aus Klimaschutzprojekten in Industrienationen ausgestellt, diese sind nur im Rahmen von Joint-Implementation-Projekten möglich.
Emissionsfaktor	Emissionsfaktoren geben Auskunft darüber, wie viele Treibhausgasemissionen in Relation zu einer bestimmten Menge eines Produkts oder Rohstoffs verursacht werden und bilden neben Verbrauchsdaten die Grundlage für die Berechnung von Carbon Footprints. So hat beispielsweise Steinkohle einen Emissionsfaktor von 0,335 kg CO_2 pro Kilowattstunde.
Energieeffizienz	Effizienz liegt vor, wenn ein bestimmter Nutzen mit minimalem Aufwand erreicht wird. Energieeffizienz wird demnach dann verbessert, wenn ein Produkt mit geringerem Energieaufwand hergestellt wird, d.h. weniger Strom verbraucht wird.

Begriff	Erläuterung
Erneuerbare Energiequelle	Energiequellen, die sich innerhalb es kurzen Zeitraums durch ökologische Kreisläufe oder landwirtschaftliche Prozesse erneuern wie Erdwärme, Wind, Sonne, Wasser und Biomasse. Im Gegensatz hierzu sind Kohle, Erdöl und Erdgas nicht erneuerbar, da sie über einen sehr langen Zeitraum entstanden sind. Kernenergie zählt ebenfalls zu den nicht erneuerbaren Energiequellen.
fossile Energieträger	Fossile Energieträger wie Braun- und Steinkohle, Erdöl, Erdgas und Torf sind vor langer Zeit aus dem Abbau toter Tiere und Pflanzen entstanden. Der in ihnen enthaltene Kohlenstoff setzt bei der Verbrennung Energie frei und stellt derzeit den mit weitem Abstand bedeutsamsten Energieträger weltweit dar. Das bei der Verbrennung aus der chemischen Verbindung von Kohlenstoff und Umgebungssauerstoff entstehenden CO_2 wurde lange als für die Umwelt unschädlich angesehen, da CO_2 auch zur natürlichen Zusammensetzung der Atmosphäre gehört. Mittlerweile weiß man, das eine zu hohe Konzentration von CO_2 in der Atmosphäre zu Klimaveränderungen führt.
Freiwilliger Markt	Unternehmen, die nicht gesetzlich verpflichtet sind, Emissionen zu reduzieren, können dies freiwillig tun. Hierfür besteht yein freiwilliger Markt für Emissionsminderungszertifikate. Der zugrundeliegende Mechanismus funktioniert analog dem Clean Development Mechanism für den verpflichtenden Markt, der im Kyoto-Protokoll verankert ist.
Gesamtwasserentnahme	Die Gesamtwasserentnahme umfasst die gesamte Wassermenge aus allen Quellen wie Oberflächenwasser, Grundwasser, Regenwasser, Hydranten und Leitungswasser.
Gold Standard	Der im Jahr 2003 von WWF und 40 weiteren Nichtregierungsorganisationen entwickelte Gold Standard ist der weltweit umfassendste Standard für Klimaschutzprojekte. Neben den grundlegenden Kriterien für Klimaschutzprojekte hat er besonders strenge Anforderungen bezüglich Zusätzlichkeit, nachhaltiger Entwicklung und Einbeziehung der lokalen Bevölkerung.
Greenhouse Gas Protocol	Das Greenhouse Gas Protocol (GHG Protocol) ist ein international anerkannter Standard zur Berechnung von Corporate und Product Carbon Footprints. Es wurde vom World Resources Institute und dem World Business Council for Sustainable Development entwickelt und dient als Grundlage vieler weiterer Standards im Carbon-Management-Bereich. Die grundlegenden Prinzipien der Carbon-Footprint-Berechnung nach dem GHG Protocol sind Relevanz, Vollständigkeit, Konsistenz, Genauigkeit und Transparenz sowie die Einteilung der Emissionen in Scope 1 – 3.[183]
Intergovernmental Panel on Climate Change	Das Intergovernmental Panel on Climate Change (IPCC, auch „Weltklimarat“) wurde 1988 von den Vereinten Nationen ins Leben und fasst für politische Entscheidungsträger den Stand der wissenschaftlichen Klimaforschung zusammen. Die regelmäßigen IPCC-Sachstandsberichte repräsentieren den neuesten Stand der weltweiten Klimaforschung. Die Berechnung von Carbon Footprints basiert häufig auf Emissionsfaktoren des IPCC.
Joint-Implementation-Projekten	Joint-Implementation-Projekte ermöglichen die Durchführung von Klimaschutzprojekten in Industriestaaten, die Emissionsreduktionsverpflichtungen unter dem Kyoto-Protokoll eingegangen sind. Der Mechanismus sieht vor, dass Projektentwickler bei den jeweils zuständigen Stellen Klimaschutzaktivitäten anmelden. Nach einem festgelegten Zeitraum werden Emissionszertifikate ausgestellt, die der Menge der Emissionsminderung bzw. des gespeicherten Kohlenstoffs entsprechen, sofern strenge Kriterien eingehalten wurden.

[183] Das GHG-Protocol wird in Abschnitt 3.2.1 ausführlich dargestellt.

Begriff	Erläuterung
Kind	Die Definition des Kindes schwankt international. Bezüglich der Kinderarbeit sind Personen gemeint, die das 15. Lebensjahr noch nicht erreicht haben oder ältere Personen, die die allgemeine Schulpflicht noch nicht abgeschlossen haben. In bestimmten Entwicklungsländern mit unzureichender Wirtschaft und Bildungseinrichtungen sind 14 Jahre anzusetzen.
Klimaneutralität	Unternehmen, Produkte und Dienstleistungen sind klimaneutral, wenn ihr Carbon Footprint berechnet und durch den Ankauf von Emissionszertifikaten ausgeglichen wurde. Wissenschaftlicher Hintergrund der Klimaneutralität ist die Tatsache, dass es für den Treibhauseffekt keine Rolle spielt, wo Emissionen ausgestoßen oder eingespart werden, da sich Treibhausgase langfristig gleichmäßig in der Atmosphäre verteilen. Der Ausgleich von Treibhausgasemissionen findet mittels handelbarer Emissionsminderungszertifikate statt. Diese Zertifikate werden durch Klimaschutzprojekte generiert, die Treibhausgase einsparen und entsprechende Kriterien erfüllen.
Klimaschutz	Unter Klimaschutz versteht man dem vom Menschen verursachten Klimawandel und der globalen Erwärmung entgegenzuwirken. Dies geschieht durch die Verminderung des Treibhausgasausstoßes oder durch die Wiederherstellung von Wäldern und Mooren. Klimaschutz ist ein Teilbereich des Umweltschutzes und des Nachhaltigkeitsengagements. Ganzheitlicher Klimaschutz bedeutet die Vermeidung unnötiger Emissionen, Reduzierung bestehender Emissionen sowie Ausgleich unvermeidbarer Emissionen.
Klimaschutzprojekt	Zertifizierte Klimaschutzprojekte sparen effektiv Treibhausgasemissionen ein. Emissionsminderungszertifikaten machen diese Einsparung handelbar. Der Emissionshandel ermöglicht global die Förderung einer nachhaltigen Entwicklung und die kostensparende Vermeidung von Treibhausgasen. Die Einsparung erfolgt häufig durch den Ersatz fossiler Energieträger durch erneuerbare Energien oder den Auf- und Ausbau natürlicher Kohlenstoffsenken wie Wälder und Moore. Dies erfolgt beispielsweise durch Projekte mit Biomasseanlagen, Windparks, Wasserkraftanlagen sowie Aufforstungs- und Waldschutzprojekte. Klimaschutzprojekte müssen strengen internationalen Kriterien und Standards genügen. So müssen alle Klimaschutzprojekte neben der Emissionseinsparung vier grundlegende Kriterien erfüllen: Ausschluss von Doppelzählungen, Dauerhaftigkeit, Überprüfung durch unabhängige Dritte und Zusätzlichkeit.
Kompensation	Vgl. CO_2-Ausgleich.
Korruption	Unter Korruption versteht man den Missbrauch von anvertrauter Macht zum privaten Nutzen oder Vorteil. Korruption kann durch einzelne Personen oder Organisationen erfolgen. Sie umfasst Bestechung, Schmiergeldzahlungen, Betrug, Erpressung, betrügerische Absprachen, Geldwäsche, Tätigung und Annahme von Schenkungen, Krediten, Gebühren, Belohnungen und andere Handlungen, die eine Person zu unehrlichen oder illegalen Handlungen verleiten und das Vertrauen missbrauchen soll. Das Verschaffen von Vorteilen oder die Erzielung vom moralischen Gründen für Vorteilsgewährungen durch Bargeldgaben, Sachleistungen wie kostenlose Waren, Geschenk, Urlaube oder spezielle persönliche Dienstleistungen gehören dazu.
Kyoto-Protokoll	Das 1997 in Kyoto, Japan, vom UNFCCC beschlossene und von 193 Staaten unterzeichnete Kyoto-Protokoll, ist ein bedeutendes, internationales Klimaschutzabkommen. Es verpflichtete Industrieländer, ihre Treibhausgasemissionen innerhalb eines gewissen Zeitraums zu reduzieren. Zusätzlich sollte es Entwicklungs- und Schwellenländern eine nachhaltige Entwicklung ermöglichen. Zur Erreichung der beiden Ziele enthielt es die flexiblen Mechanismen des Emissionshandels, der Clean Development Mechanism sowie der Joint Implementation Mechanism.

Begriff	Erläuterung
Lieferant	Lieferanten sind Unternehmen oder Personen, die Produkte oder Dienstleistungen bereitstellen, die in der Lieferkette des Unternehmens verwendet werden. Neben direkten Lieferanten sind auch die Lieferanten der Lieferanten der Lieferanten gemeint, sofern die Produkte und Dienstleistungen in die Lieferkette eingehen. Beispiele sind Rohstofflieferanten und -produzenten, Großhändler, Auftragnehmer, Distributoren, Heimarbeiter, Subunternehmer Freelancer, Hersteller, Berater oder Makler.
Lieferkette	Gemeint ist die Reiher der Lieferanten, deren Produkte und Dienstleistungen von der Unternehmung bezogen werden.
Menschenrechtsklausel	Verbindliche Mindestanforderungen an Menschenrechte als Voraussetzung für Investitionen, die schriftlich vereinbart wurden.
Mitarbeiter/in	Neben den Angestellten des Unternehmens können auch Praktikanten, Auszubildende, Freelancer, Mitarbeiter von Subunternehmern und Lieferanten dazuzählen.
Nachhaltigkeitsziele	Die 17 Nachhaltigkeitsziele der Vereinten Nationen umfassen die relevanten ökonomischen, sozialen und ökologischen Ziele und sind seit 2016 für 15 Jahre bis 2030 für die globale Politik maßgebend.[184]
Ökostrom	Unter Ökostrom (auch Strom aus erneuerbaren Energien oder Grünstrom genannt) versteht man Strom aus erneuerbaren Energiequellen wie beispielsweise Wind, Sonne oder Wasserkraft. Da die Stromerzeugung keine direkten Treibhausgasemissionen verursacht, ist das Umstellen auf Ökostrom eine der wichtigsten Maßnahmen zur Vermeidung von Treibhausgasemissionen.
Ozonloch	In der zweiten Hälfte des 20. Jahrhunderts haben Emissionen Fluorchlorkohlenwasserstoffe zu einer starken Ausdünnung der Ozonschicht geführt. Die meisten Ozon abbauenden Substanzen werden durch das Umweltprogramm der Vereinten Nationen kontrolliert. Globale Maßnahmen zu einer wesentlichen Reduzierung des Ozonlochs geführt. Man geht davon aus, dass sich die noch in der Atmosphäre befindlichen Fluorchlorkohlenwasserstoffe im Laufe des 21. Jahrhunderts abbauen werden und das Ozonloch sich wieder nahezu vollständig schließen wird. Aus heutiger Sicht handelt es sich bei den Maßnahmen zur Behebung des Ozonlochs um ein sehr erfolgreiches globales Umweltschutzprojekt.
Renaturiertes Gebiet	Gebiet, das für Geschäftstätigkeiten genutzt oder beeinträchtigt wurde und durch Sanierungsmaßnahmen wieder in seinen ursprünglichen Zustand mit intaktem Ökosystem versetzt wurde.
Schutzgebiet	Ein vor negativen Auswirkungen geschütztes Gebiet, das sich in seinen ursprünglichen Zustand mit intaktem Ökosystem befindet.
Treibhausgase	Treibhausgase entstehen vorrangig bei der Verbrennung fossiler Brennstoffe zur Energieerzeugung (Kohle- oder Gaskraftwerke) oder Mobilität (Verbrennung von Treibstoffen im Fahr- oder Flugzeug), können aber auch das Ergebnis chemischer oder physikalischer Prozesse sein. Bezogen auf das ausgestoßene Gesamtvolumen ist Kohlendioxid (CO_2) das bedeutendste Treibhausgas. Neben CO_2 werden im Regelfall auch Methan (CH_4, aus Viehzucht, Reisanbau, Deponien), Lachgas (N_2O aus Stickstoffdüngung und Deponien), Schwefelhexafluorid (SF_6 durch Hochspannungsleitungen) und Fluorkohlenwasserstoffe (FKW und H-FKW durch Kühlmittelleckagen und aus der chemischen Industrie) berücksichtigt. Die Treibhausgase werden in das Treibhauspotenzial von CO_2 umgerechnet und bilden somit CO_2-Äquivalente (CO_2e). So hat Methan einen Äquivalenzfaktor von 21, Lachgas von ca. 300 Fluorkohlenwasserstoffe von bis zu 9.200 und Schwefelhexafluorid von 23.900.

184 Vgl. die ausführliche Darstellung in Abschnitt 2.1.

Begriff	Erläuterung
Treibhauseffekt	Treibhausgase sind ein wichtiger Bestandteil unserer Atmosphäre und tragen durch den natürlichen Treibhauseffekt dazu bei, ein lebenswertes Klima auf unserer Erde zu schaffen. Durch den hohen zusätzlichen Ausstoß an Treibhausgasen seit Beginn der Industrialisierung hat sich die Konzentration an Treibhausgasen in der Atmosphäre jedoch signifikant erhöht, was zu einer zusätzlichen Erwärmung unserer Atmosphäre führt. Dieser vom Menschen induzierte („anthropogene“) Treibhauseffekt bedroht langfristig die Lebensgrundlage auf unserer Erde. Daher hat sich die Weltgemeinschaft zuletzt im Pariser Abkommen von 2015 das Ziel gesetzt, die Erderwärmung auf maximal 2° zu begrenzen.
United Nations Framework Convention on Climate Change	Unter UNFCCC versteht man die 1992 auf der Konferenz der Vereinten Nationen für Umwelt und Entwicklung in Rio de Janeiro verabschiedete UN-Klimarahmenkonvention. Sie wurde bisher von 193 Staaten ratifiziert und ist am 21. März 1994 in Kraft getreten. Das Sekretariat der Klimarahmenkonvention ist in Bonn angesiedelt. 1997 verabschiedeten die Unterzeichnerstaaten das Kyoto-Protokoll, in dem konkrete Maßnahmen im Klimaschutz erarbeitet wurden – unter anderem der Clean Development Mechanism.
Verified Carbon Standard	: Der Verified Carbon Standard (VCS) ist der weltweit weitest verbreitete Standard für Klimaschutzprojekte. Der VCS wurde 2005 unter Beteiligung des Weltwirtschaftsforums und des World Business Council on Sustainable Development gegründet. Heute sind mehr als die Hälfte aller freiwilligen Emissionsreduktionen nach dem VCS validiert und verifiziert.
Weltklimarat“	Dies ist eine im Deutschen verwendete Bezeichnung des Intergovernmental Panel on Climate Change (IPCC).
Zusätzlichkeit	Zusätzlichkeit ist eines der vier grundlegenden Kriterien für Klimaschutzprojekte. Es bedeutet, dass ein Klimaschutzprojekt nur aufgrund der zusätzlichen Finanzierung durch den Verkauf von Emissionsminderungszertifikaten verwirklicht werden kann. So soll sichergestellt werden, dass das Projekt nicht sowieso, also auch ohne zusätzliche Finanzierung durch den Verkauf von Klimaschutzzertifikaten, realisiert worden wäre. Staatlich subventionierte Anlagen zur Stromerzeugung können aus diesem Grund keine Klimaschutzprojekte werden.
Zwangs- oder Pflichtarbeit	Arbeiten, die nicht freiwillig, sondern unter Androhung von Strafe erlangt werden. Auch wenn Sklavenarbeit offiziell weltweit abgeschafft ist, gibt es zahlreiche Formen moderner Sklaverei wie Schuldknechtschaft, politische Gefangenschaft, Kinderarbeit, Zwangsprostitution, Rekrutierung von Kindersoldaten sowie die klassischen Formen der Leibeigenschaft und wirtschaftlichen Ausbeutung, die Millionen von Menschen leiden lassen. Hinweise auf Zwangsarbeit sind die Einbehaltung von Ausweispapieren, Verpflichtung zu obligatorischen Kautionen, Verpflichtung zu Überstunden. Die global gültige Vereinbarung zur Vermeidung der Zwangsarbeit ist die Forced Labour Convention aus dem Übereinkommen 29 der Internationalen Arbeitsorganisation von 1930.

9 Verzeichnisse

9.1 Abkürzungsverzeichnis

BMZ Bundesministerium für wirtschaftliche Zusammenarbeit und Entwicklung

COP Conference of the Parties

DNK Deutscher Nachhaltigkeitskodex

DRS Deutscher Rechnungslegungsstandard

EEX European Energy Exchange, Leipzig

FSC Forest Stewardship Council

GHG Greenhouse Gas

GRI Global Reporting Initiative

IDW Institut der Wirtschaftsprüfer in Deutschland e.V.

IEKP Integriertes Energie- und Klimaprogramm der Bundesregierung

IFAC International Federation of Accountants

PEFC Program for the Endorsement of Forest Certification Schemes

UNEP United Nations Environment Programme (Umweltprogramm der Vereinten Nationen)

WBCSD World Business Council for Sustainable Development

WIR World Resources Institute

9.2 Abbildungsverzeichnis

9.3 Tabellenverzeichnis

9.4 Literaturverzeichnis

Aachener Stiftung Kathy Beys (2015): Lexikon der Nachhaltigkeit, https://www.nachhaltigkeit.info/artikel/definitionen_1382.htm, (abgerufen 07.05.2019).

AAS (2019): Accountability Advisory Services, AA1000 Assurance Standard (AA1000AS), Stand 2019, https://www.accountability.org/standards/, (abgerufen am 10.07.2019).

Adelphi Research (2019): Die Klimaschutzoffensive des Handels, https://www.hde-klimaschutzoffensive.de/ (abgerufen am 23.08.2019).

Agenda 21 (1992): Konferenz der Vereinten Nationen für Umwelt und Entwicklung im Juni 1992 in Rio de Janeiro, http://www.agenda21-treffpunkt.de/archiv/ag21dok/index.htm, (abgerufen am 08.05.2019).

Alliance to End Plastic Waste (2019): Fact Sheet Alliance to End Plastic Waste, https://www.vci.de/ergaenzende-downloads/2019-01-16-aepw-fact-sheet.pdf (abgerufen am 01.08.2019).

ARD (2019): 86 Prozent sagen, der Mensch sei schuld, 17.05.2019, https://www.tagesschau.de/inland/deutschlandtrend-1645.html, (abgerufen am 24.08.2019).

ALDI Süd (2019): Unsere Klimaschutzpolitik, https://unternehmen.aldi-sued.de/fileadmin/fm-dam/company_photos/US_Verantwortung/Downloads/ALDI_SUED_Klimaschutzpolitik.pdf (abgerufen am 15.08.2019).

Bain & Company (2018): Transforming Business for a Sustainable Economy. How next practices in sustainability can unlock opportunity, https://www.bain.com/insights/transforming-business-for-a-sustainable-economy/ (abgerufen am 17.07.2019).

Bleed Clothing (2019): Die weltweit erste klimaneutrale, vollrecycelte Outdoorjacke, https://www.bleed-clothing.com/deutsch/klimaneutrale-outdoorjacken-aus-sympatex (abgerufen am 14.08.2019).

BMFSFJ (2019): Monitor Entgelttransparenz, https://www.bmfsfj.de/bmfsfj/themen/gleichstellung/frauen-und-arbeitswelt/lohngerechtigkeit/entgelttransparenzgesetz/der-monitor-entgelttransparenz/120964, (abgerufen 09.07.2019).

BMU (2017): Perspektiven für Deutschland, https://www.bmu.de/themen/nachhaltigkeit-internationales/nachhaltige-entwicklung/strategie-und-umsetzung/nachhaltigkeitsstrategie/, (abgerufen am 08.05.2019).

BMWI (2019): Deutsche Klimaschutzpolitik, https://www.bmwi.de/Redaktion/DE/Artikel/Industrie/klimaschutz-deutsche-klimaschutzpolitik.html, (abgerufen am 09.07.2019).

BMZ (2017): Die Agenda 2030 für nachhaltige Entwicklung, http://www.bmz.de/de/ministerium/ziele/2030_agenda/index.html, (abgerufen am 08.05.2019).

Böcking, Hans-Joachim; Oser, Peter; Pfitzer, Norbert; Krommes, Werner (2019): Gabler Wirtschaftslexikon. Das Wissen der Experten. Online verfügbar unter https://wirtschaftslexikon.gabler.de/definition/wesentlichkeit-48295/version-271551, zuletzt aktualisiert am 15.02.2018, zuletzt geprüft am 25.07.2019.

Börsen-Zeitung (2019): Herkömmliches Geschäftsmodell als Risikofaktor, http://www.georgkell.com/news/2019/1/9/herkmmliches-geschftsmodell-als-risikofaktor (abgerufen am 12.08.2019).

Bundesnetzagentur (2019): Stromkennzeichnung. Was ist unter Stromkennzeichnung zu verstehen?, https://www.bundesnetzagentur.de/SharedDocs/FAQs/DE/Sachgebiete/Energie/Verbraucher/Energielexikon/Stromkennzeichnung1.html (abgerufen am 27.07.2019).

Bündnis für nachhaltige Textilien (2019): Mitglieder. Gemeinsam Dinge voranbringen, die einer allein nicht leisten kann, https://www.textilbuendnis.com/uebersicht/ (abgerufen am 12.08.2019).

CSR News (2013). Verändert das Prinzip der Wesentlichkeit die CR-Berichterstattung? Teil 2, https://www.csr-news.net/news/2013/12/19/verandert-das-prinzip-der-wesentlichkeit-die-cr-berichterstattung-teil-2/ (abgerufen am 22.07.2019).

CSR-RUG (2017): Gesetz zur Stärkung der nichtfinanziellen Berichterstattung der Unternehmen in ihren Lage- und Konzernlageberichten (CSR-Richtlinie-Umsetzungsgesetz) vom 11.04.2017, https://www.bgbl.de/xaver/bgbl/start.xav?start=%2F%2F*%5B%40attr_id%3D%27bgbl117s0802.pdf%27%5D2__bgbl__%2F%2F*%5B%40attr_id%3D%27bgbl117s0802.pdf%27%5D__1557483174154, (abgerufen am 10.05.2019.

ClimatePartner (2019a): Unsere IT-Lösungen und Integrationen, https://www.climatepartner.com/de/leistungen/it-integration (abgerufen am 04.08.2019).

ClimatePartner (2019b): Klimaneutralität bei Lebensmitteln, https://www.climatepartner.com/de/klimaneutrale-lebensmittel (abgerufen am 02.08.2019).

ClimatePartner (2019c): Climate Map, https://www.climatepartner.com/de/climatemap/unternehmen/ (abgerufen am 23.07.2019).

Confederation of European Paper Industries (2007): Framework for the Development of Carbon Footprints for paper and board products, http://www.cepi.org/system/files/public/documents/publications/environment/2007/carbon%20footprint-final.pdf (abgerufen am 23.04.2019).

CDP (2019a): Climate change, https://www.cdp.net/en/climate (abgerufen am 15.08.2019).

CDP (2019b): The A List 2018, https://www.cdp.net/en/companies/companies-scores (abgerufen am 29.07.2019).

Deutsche Börse (2018a): Frankfurter Erklärung. Freiwilliges Bekenntnis zur Umsetzung einer gemeinsamen Nachhaltigkeitsinitiative am Finanzplatz Frankfurt am Main, https://deutsche-boerse.com/resource/blob/154372/b9a23b7e8b4335a899b-05728837d56a6/data/Frankfurter-Erklaerung-13juli2018_de.pdf (abgerufen am 26.06.2018).

Deutsche Börse (2018b): Green and Sustainable Finance Cluster Germany, https://deutsche-boerse.com/dbg-de/nachhaltigkeit/unsere-verantwortung/green-and-sustainable-finance-cluster-germany (abgerufen am 24.07.2019).

Deutsches Global Compact Netzwerk (2018): Neuer Impuls für die Berichterstattung zur Nachhaltigkeit?, Stand Juni 2018, https://econsense.de/app/uploads/2018/06/Studie-CSR-RUG_econsense-DGCN_2018.pdf, (abgerufen am 08.07.2019).

Deutscher Nachhaltigkeits Kodex (2019): Checkliste für die Erklärung nach dem Deutschen Nachhaltigkeitskodex. Online verfügbar unter https://www.deutscher-nachhaltigkeitskodex.de/de-DE/Documents/PDFs/Sustainability-Code/DNK-Checkliste_2018.aspx, zuletzt geprüft am 25.07.2019.

Deutscher Nachhaltigkeitspreis (2018): Gewinnen kann, wer im Kerngeschäft nachhaltig ist. News vom 23.07.2018, https://www.nachhaltigkeitspreis.de/news/news/gewinnen-kann-wer-im-kerngeschaeft-nachhaltig-ist/?tx_news_pi1%5Bcontroller%5D=News&tx_news_pi1%5Baction%5D=detail&cHash=a9ba-6b9aa1607eca770026c3585fe9a7 (abgerufen am 02.07.2019).

Deutscher Nachhaltigkeitspreis (2019): Die nominierten Unternehmen 2020, https://www.nachhaltigkeitspreis.de/wettbewerbe/unternehmen/ (abgerufen am 12.08.2019).

Earth Overshoot Day (2019): Der diesjährige Earth Overshoot Day fällt auf den 29. Juli, das früheste Datum in der Geschichte der Menschheit, https://www.overshootday.org/newsroom/press-release-june-2019-german/ (abgerufen am 04.08.2019).

EMAS (2019): Umwelterklärungen, https://www.emas.de/teilnahme/umwelterklaerungen/ (abgerufen am 29.09.2019).

EU (2014): Richtlinie 2014/95/EU des Europäischen Parlaments und des Rates vom 22. Oktober 2014 zur Änderung der Richtlinie 2013/34/EU im Hinblick auf die Angabe nichtfinanzieller und die Diversität betreffender Informationen durch bestimmte große Unternehmen und Gruppen Text von Bedeutung für den EWR, https://eur-lex.europa.eu/legal-content/DE/TXT/?uri=CELEX%3A32014L0095, (abgerufen am 10.05.2019).

EU (2017): EU-Kommission, Leitlinien für die Berichterstattung über nichtfinanzielle Informationen der EU-Kommission, Stand 05.07.2017, https://eur-lex.europa.eu/legal-content/DE/TXT/PDF/?uri=CELEX:52017XC0705(01)&from=EN, (abgerufen am 03.07.2019).

EU (2019a): EU-Kommission, Guidelines on reporting climate-related information, Stand 17.06.2019, http://ec.europa.eu/finance/docs/policy/190618-climate-related-information-reporting-guidelines_en.pdf, (abgerufen am 28.06.2019).

EU (2019b): Mitteilung der Kommission. Leitlinien für die Berichterstatung über nichtfinanzielle Informationen: Nachtrag zur klimabezogenen Berichterstattung, 2019/C 209/01, https://eur-lex.europa.eu/legal-content/DE/TXT/HTML/?uri=CELEX:52019XC0620(01)&from=EN (abgerufen am 12.07.2019).

EEX (2019): EU Emission Allowances | Primary Market Auction, https://www.eex.com/de/marktdaten/umweltprodukte/auktionsmarkt/european-emission-allowances-auction#!/2019/08/29 (abgerufen am 14.07.2019).

EY (2012): Ernst & Young, Nachhaltige Unternehmensführung, https://www.ey.com/Publication/vwLUAssets/Nachhaltige_Unternehmensfuehrung_im_Mittelstand/$FILE/Nachhaltige%20Unternehmensfuehrung%20im%20Mittelstand%202012.pdf, (abgerufen am 08.07.2019).

Frankfurter Allgemeine (2014): Er hat die Nachhaltigkeit erfunden, https://www.faz.net/aktuell/finanzen/hans-carl-von-carlowitz-er-hat-die-nachhaltigkeit-erfunden-12826006.html, (abgerufen am 07.05.2019).

GHG Protocol (2013): Technical Guidance for Calculating Scope 3 Emissions, http://www.ghgprotocol.org/sites/default/files/ghgp/standards/Scope3_Calculation_Guidance_0.pdf (abgerufen am 01.07.2019).

GHG Protocol (2019): Greenhouse Gas Protocol Standards, https://ghgprotocol.org/standards, (abgerufen am 03.07.2019).

Great Place to Work® (2017): Great Place To Work® Trust Index© Employee Survey, http://www.teamhmh.com/wp-content/uploads/2017/10/Trust-Philosophy-Doc.pdf (abgerufen am 12.08.2019).

Great Place to Work® (2019): Great Place to Work® Mitarbeiterbefragung, https://www.greatplacetowork.de/mitarbeiterbefragungen/mitarbeiterbefragung-and-fuehrungskraeftefeedback/ (abgerufen am 11.08.2019).

GRI (2016a): GRI 101: Grundlagen, 2016, https://www.globalreporting.org/standards/gri-standards-translations/gri-standards-german-translations-download-center/?g=facdefc2-f1dc-4cfa-ba87-aadfe9d722d4, (abgerufen am 28.06.2019).

GRI (2016b): Transitioning to the New GRI Global Standards. Up-to-the-minute News and Analysis, https://www.slideshare.net/sustainablebrands/transitioning-to-the-new-gri-global-standards-uptotheminute-news-and-analysis (abgerufen am 23.04.2019).

GRI (2017): The reporting process, https://www.globalreporting.org/standards/the-reporting-process/, (abgerufen am 28.06.2019).

GRI (2018): Introduction to the GRI Standards, https://www.globalreporting.org/SiteCollectionDocuments/2018/GSIP%20Webinar%201%20Introduction%20to%20the%20GRI%20Standards.pdf, (abgerufen am 26.07.2019).

HOCHTIEF (2018): Konzernbericht 2018, https://www.google.com/url?sa=t&rct=j&q=&esrc=s&source=web&cd=1&ved=2ahUKEwjk2fu627HkAhUBb1AKHa3RDUUQFjAAegQIARAC&url=https%3A%2F%2Fwww.hochtief.de%2Fhochtief%2Fmmdbdownload%3Fid%3D173421%26format%3D4&usg=AOvVaw0heroHuIKUMjb78wpWNTzk (abgerufen am 10.08.2019).

IDW (2006): IDW Prüfungsstandard: Grundsätze ordnungsmäßiger Prüfung oder prüferischer Durchsicht von Berichten im Bereich der Nachhaltigkeit (IDW PS 821), in der Fassung vom 06.09.2006.

IDW (2015): Positionspapier des IDW: Vorformulierte Bescheinigungen, https://www.idw.de/blob/101066/f6da9bb367ac9b05a68987ad32c2ab1e/down-positionspapier-vorformulierte-bescheinigungen-data.pdf, (abgerufen am 28.06.2019).

IDW (2017a): Zukunft der Berichterstattung, Nachhaltigkeit, IDW Positionspapier: Pflichten und Zweifelsfragen zur nichtfinanziellen Erklärung als Bestandteil der Unternehmensführung, Stand 14.06.2017, https://www.idw.de/idw/idw-aktuell/idw-positionspapier-zur-nichtfinanziellen-erklaerung/101500, (abgerufen am 21.06.2018).

IDW (2017b): IDW Prüfungsstandard: Prüfung des Lageberichts im Rahmen der Abschlussprüfung (IDW PS 350 n.F.), in der Fassung vom 12.12.2017.

IDW (2017c): Entwurf: International Standard on Auditing 720 (Revised): Verantwortlichkeiten des Abschlussprüfers im Zusammenhang mit sonstigen Informationen (ISA

(E-DE) 720 (Revised)), Stand 28.11.2017, https://www.idw.de/idw/verlautbarungen/isa--e-de--720--revised-/105376, (abgerufen am 12.07.2019).

IDW (2017d): IDW Prüfungsstandard: Grundsätze ordnungsmäßiger Prüfung des internen Kontrollsystems des internen und externen Berichtswesens (IDW PS 982), in der Fassung vom 03.03.2017.

IDW (2019): WP Handbuch, 16. Auflage, IDW Verlag.

IHK (2019): Nachhaltigkeit Definition, https://www.nachhaltigkeit.info/artikel/definitionen_1382.htm (abgerufen am 12.06.2018).

International Insetting Platform (2019): Unternehmenswebseite, http://www.insettingplatform.com/ (abgerufen am 23.08.2019).

IFAC (2012): International Standard on Assurance Engagements (ISAE) 3410, Assurance Engagements on Greenhouse Gas Statements, Stand 03.06.2012, https://www.ifac.org/publications-resources/basis-conclusions-isae-3410-assurance-engagements-greenhouse-gas-statements, (abgerufen am 11.07.2019).

IFAC (2015): International Standard on Assurance Engagements (ISAE) 3000 Revised, Assurance Engagements Other than Audits or Reviews of Historical Financial Information, Stand 15.05.2015, https://www.ifac.org/publications-resources/international-standard-assurance-engagements-isae-3000-revised-assurance-enga, (abgerufen am 11.07.2019).

IFAC (2012): International Standard on Assurance Engagements (ISAE) 3410, Assurance Engagements on Greenhouse Gas Statements, Stand 03.06.2012, https://www.ifac.org/publications-resources/basis-conclusions-isae-3410-assurance-engagements-greenhouse-gas-statements, (abgerufen am 11.07.2019).

IÖW (2018): Nachhaltigkeitsberichterstattung in Zeiten der Berichtspflicht, Stand 04/2018, https://www.ranking-nachhaltigkeitsberichte.de/data/ranking/user_upload/2018/Ranking_Nachhaltigkeitsberichte_2018_Unternehmensbefragung.pdf, (abgerufen am 08.07.2019).

IÖW (2019a): CSR-Reporting von Großunternehmen und KMU in Deutschland, Stand 02/2019, https://www.ranking-nachhaltigkeitsberichte.de/data/ranking/user_upload/2018/Ranking_Nachhaltigkeitsberichte_2018_Ergebnisbericht.pdf, (abgerufen am 08.07.2019).

IÖW (2019b). Die Methodik des Rankings, https://www.ranking-nachhaltigkeitsberichte.de/das-ranking/ranking-methodik.html (abgerufen am 24.07.2019).

Kirchhoff Consult/ BDO (2018): Nachhaltig gut berichten!, https://www.kirchhoff.de/fileadmin/20_Download/Studien/2018_KC-BDO_DAX-160-Studie_CSR-Reporting.pdf (abgerufen am 24.07.2019).

Klimafakten.de (2016): Gibt es wirklich einen Klimawandel?, 06/2016, https://www.klimafakten.de/behauptungen/behauptung-es-gibt-noch-keinen-wissenschaftlichen-konsens-zum-klimawandel, (abgerufen am 24.08.2019).

Klimafakten.de (2019): Umfrage: Klimabesorgnis ist weltweit sehr ungleich verteilt, 18.01.2019, https://www.klimafakten.de/meldung/umfrage-klimabesorgnis-ist-weltweit-sehr-ungleich-verteilt, (abgerufen am 24.08.2019).

KPMG (2017): The Road Ahead: The KPMG Survey of Corporate Responsibility Reporting 2017, https://assets.kpmg/content/dam/kpmg/be/pdf/2017/kpmg-survey-of-corporate-responsibility-reporting-2017.pdf (abgerufen am 01.08.2019).

NIM – Nuremberg Institute for Market Decisions (2018): Appetit auf Bio wächst, https://www.nim.org/compact/fokusthemen/appetit-auf-bio-waechst (abgerufen am 15.08.2019).

Praum, Kai (2015): CR, CSR und Nachhaltigkeit. Nicht dasselbe, aber das Gleiche? Corporate Responsibility (2015), https://www.amcham.de/fileadmin/user_upload/Publications/Corporate-Responsibility-Book/2015/CR-Buch2015_Experten_FBM.pdf (abgerufen am 23.07.2019).

PWC (2015): Bevölkerungsbefragung Klimaschutz und Konsumverhalten, https://www.pwc.de/de/energiewende/assets/pwc_umfrage-klimaschutz-und-konsum.pdf (abgerufen am 01.07.2019).

PWC (2018a): Erstanwendung des CSR-Richtlinie-Umsetzungsgesetzes, Studie zur praktischen Umsetzung im Dax 160, Stand 10/2018, https://www.pwc.de/de/nachhaltigkeit/pwc-studie-csr-berichterstattung-2018.pdf (abgerufen am 28.06.2019).

PWC (2018b): Klimawandel: Wie Unternehmen den Risiken begegnen und die Chancen nutzen können, https://www.pwc.de/de/nachhaltigkeit/klimawandel-wie-unternehmen-den-risiken-begegnen-und-die-chancen-nutzen-koennen.html (abgerufen am: 03.08.2019).

PWC (2019): Paradigm shift in financial markets. The economic and legal impacts of the EU Action Plan Sustainable Finance on the Swiss financial sector, https://www.pwc.ch/en/publications/2019/paradigm-shift-in-financial-market-EN-web.pdf, (abgerufen ab 13.07.2019).

REWE (2014): Klimabilanz der REWE Group, https://www.rewe-group-nachhaltigkeitsbericht.de/2014/sites/default/files/pdfs/de/umwelt/klimaschutz/klimaschutz_rewe_group-nachhaltigkeitsbericht_2013_2014.pdf (abgerufen am 24.07.2019).

RNE (2017): Der Deutsche Nachhaltigkeitskodex. Maßstab für nachhaltiges Wirtschaften, https://www.deutscher-nachhaltigkeitskodex.de/Documents/PDFs/Sustainability-Code/DNK_Broschuere_2017 (abgerufen am 03.07.2019).

RNE (2019): Leitfaden zum Deutschen Nachhaltigkeitskodex, 3. Auflage 2019, https://www.deutscher-nachhaltigkeitskodex.de/de-DE/Documents/PDFs/Sustainability-Code/Leitfaden-Deutscher-Nachhaltigkeitskodex, (abgerufen am 03.07.2019).

REWE (2018): REWE Group-Nachhaltigkeitsbericht 2018, https://rewe-group-nachhaltigkeitsbericht.de/2018/gri-bericht/unternehmensfuhrung/gri-102-45-102-47-102-49-wesentlichkeit/index (abgerufen am 23.08.2019).

Reisinger, Christian (2019): Die neuen Helden unserer Zeit? Fridays for Future und ihr Einfluss auf die Nachhaltigkeitspolitik von Unternehmen. ClimatePartner Climate-News, https://www.climatepartner.com/de/news/die-neuen-helden-unserer-zeit (abgerufen am 30.08.2019).

Röttger, Ulrike und Schmitt, Jana (2014): Erfolgsfaktoren der CR-Kommunikation. Eine qualitative Studie zur Kommunikation der gesellschaftlichen Verantwortung von Unternehmen in Deutschland. Forschungsberichte zur Unternehmenskommunikation Nr. 3, Ademische Gesellschaft für Unternehmensführung & Kommunikation, http://www.akademische-gesellschaft.com/fileadmin/webcontent/Research_report/FB03_Webversion.pdf (abgerufen am 14.07.2018).

RobecoSam (2019): CSA Resources, https://www.robecosam.com/csa/csa-resources/, (abgerufen am 03.07.2019).

Schaeffler (2017): Verantwortung für morgen. Nachhaltigkeitsbericht 2017, https://www.schaeffler-nachhaltigkeitsbericht.de/2017/serviceseiten/downloads/files/gesamt_schaeffler_nhb17.pdf (abgerufen am 14.07.2019).

Schaeffler (2018): Verantwortung für morgen. Nachhaltigkeitsbericht 2018, https://www.schaeffler.com/remotemedien/media/_shared_media_rwd/01_company_1/sustainability/2018_sustainability_report/2018_schaeffler_sustainability_report_de.pdf (abgerufen am 23.08.2019).

Schaltegger et. al. (2010): Corporate Sustainability Barometer. Wie nachhaltig agieren Unternehmen in Deutschland?, http://www2.leuphana.de/csm/CorporateSustainabilityBarometer.pdf (abgerufen am 21.07.2019).

Science Based Targets (2019): Companies taking Action, https://sciencebasedtargets.org/companies-taking-action/ (abgerufen am 23.08.2019).

SDG Compass (2019): Leitfaden für Unternehmensaktivitäten zu den SDGs, https://www.globalcompact.de/SDG-Compass_German.pdf (abgerufen am 27.08.2019).

Secka, Marion (2015). Einfluss von Kommunikationsmaßnahmen mit CSR-Bezug auf die Einstellung zur Marke. Entwicklung und Überprüfung eines konzeptionellen Modells. Frankfurt a.M. Peter Lang.

StartingUp (2019): Der Wert der Glaubwürdigkeit: Grundlagen der Nachhaltigkeitskommunikation, Ausgabe 03/2019, https://www.starting-up.de/praxis/soft-skills/nachhaltigkeitskommunikation.html (abgerufen am 28.07.2019).

TAKKT (2019): Ziele 2020, https://www.takkt.de/nachhaltigkeit/ziele-2020/ (abgerufen am 26.07.2019).

Tchibo (2019): Systematisches Stakeholder Management, https://www.tchibo-nachhaltigkeit.de/servlet/content/1253348/-/home/100-2016-verantwortungsvolle-unternehmensfuehrung/stakeholder-einbeziehung-und-wesentlichkeit.html (abgerufen am 10.08.2019).

Taubken, Norbert; Feld, Tim Y. (2017): Impact Bewertungen und Materialität. Neue Anforderungen und Ansätze für Wesentlichkeitsanalysen. Scholz & Friends Reputation. https://www.csr-berichte.de/wp-content/uploads/2018/07/SF_Reputation_WhitePaper_NOV-17.pdf, (abgerufen am 25.07.2019).

Umweltbundesamt (2019a): Nationale Trendtabellen für die deutsche Berichterstattung atmosphärischer Emissionen 1990-2017, Stand 01/2019.

Umweltbundesamt (2019): ProBas, Prozessorientierte Basisdaten für Umweltmanagementsysteme, (abgerufen am 08.05.2019).

Umweltbundesamt (2019b): Earth Overshoot Day 2019: Ressourcenbudget verbraucht, https://www.umweltbundesamt.de/themen/earth-overshoot-day-2019-ressourcenbudget (abgerufen am 01.08.2019).

UN (1987): Report of the World Commission on Environment and Development: Our Common Future, http://www.un-documents.net/wced-ocf.htm, (abgerufen am 08.05.2019).

UN (1992): Rio-Erklärung über Umwelt und Entwicklung, https://www.un.org/depts/german/conf/agenda21/rio.pdf, (abgerufen am 08.05.2019).

UN (2015): Transformation unserer Welt: die Agenda 2030 für nachhaltige Entwicklung, https://www.un.org/Depts/german/gv-70/band1/ar70001.pdf, (abgerufen am 08.05.2019).

UN Global Compact Netzwerk Deutschland (2017): TCFD Empfehlungen für Klimaberichterstattung – CO_2-Blase muss verhindert werden, https://www.globalcompact.de/de/newscenter/meldungen/Richtlinie-der-TCFD.php, (abgerufen am 14.07.2019).

Verband Deutsches Reisemanagement e.V. (2011): CO_2–Berechnung Geschäftsreise. VDR-Standard, https://www.vdr-service.de/fileadmin/services-leistungen/vorteile-arbeitsvorlagen/standardinstrumente/VDR_Reportingstandard_Teil1_Methoden.pdf (abgerufen am 23.04.2018).

Völker-Lehmkuhl, K. (2018): Berichterstattung nach dem neuen Entgelttransparenzgesetz – Darstellung und Auswirkungen der neuen gesetzlichen Regelungen zur Verbesserung der Lohngerechtigkeit zwischen Männern und Frauen: WP Praxis 8/2018 vom 25. Juli 2018, S. 240 – 245.

Völker-Lehmkuhl, K. (2006): Praxis der Bilanzierung und Besteuerung von CO_2-Emissionsrechten, 1. Aufl. Berlin: Erich Schmidt Verlag.

Völker-Lehmkuhl, K. (2019): Praxis der Bilanzierung und Besteuerung von CO_2-Emissionsrechten, 2. Aufl. Berlin: Erich Schmidt Verlag.

Wagner, Riccardo et.al. (2017). CSR und Interne Kommunikation. Forschungsansätze und Praxisbeiträge. Management-Reihe Corporate Social Responsibility, herausgegeben von Schmidpeter, René et.al. Berlin: Springer.

Welt (2019a): So stellen Forscher sich die CO_2-Steuer vor, 29.05.2019, https://www.welt.de/wissenschaft/plus192594615/CO_2-Steuer-Wie-aermere-Haushalte-vom-Klimaschutz-profitieren-koennten.html (abgerufen am 07.05.2019).

Welt (2019b): IWF spricht sich für weltweite CO_2-Steuer aus, 04.05.2019, https://www.welt.de/wirtschaft/article192925733/CO_2-Steuer-IWF-spricht-sich-fuer-weltweite-Abgabe-aus.html, (abgerufen am 07.05.2019).

Welt (2019c): IWF-Chefin befeuert deutschen Streit über CO_2-Steuer, 05.05.2019, https://www.welt.de/wirtschaft/article192996995/Klima-IWF-Chefin-Lagarde-befeuert-Streut-ueber-CO_2-Abgabe.html (abgerufen am 07.05.2019).

Wirtschaftswoche (2014): So wird Nachhaltigkeit zum Wachstumstreiber, https://www.wiwo.de/technologie/green/unternehmen-so-wird-nachhaltigkeit-zum-wachstumstreiber/13550654.html (abgerufen am 04.08.2019).

World Commission on Environment and Development (1987): Our Common Future, https://sustainabledevelopment.un.org/content/documents/5987our-common-future.pdf (abgerufen am 27.06.2019).

9.5 Stichwortverzeichnis

W

Z